수의사가 쓴
동물행동학

신윤주 지음

**Animal Behavior
Written By a Veterinarian**

박영story

　　현대 사회 많은 동물들이 오랜 세월 동안 이루어진 가축화(domestication)라는 과정을 통해 사람의 사육/양육 하에 살아가고 있다. 많은 동물들이 인간 사회에 필요한 축산, 과학, 스포츠 등 다양한 산업들을 위해 사육되고 있다. 개, 고양이, 그 외 다양한 동물들이 사람과의 정서적 교류를 위한 목적의 반려동물로서 사람 사회에서 함께 살아가고 있다. 뿐만 아니라 보호나 전시를 위해 많은 토종/외래 야생동물들이 동물원이나 보호 기관에서 사람들과 함께 살아가고 있기도 하다.

　　이러한 동물들을 올바르게 사육/양육하고 관리하기 위해서는 그 동물이 어떤 동물인지에 대한 지식과 더불어 그 동물의 정상 행동에 대한 이해가 선행되어야 한다. 그 동물이 요구로 하는 환경, 식이 등의 생태적 조건 및 정상 행동들을 적절하게 충족시켜주는 것은 동물의 복지를 위함도 있지만 궁극적으로는 동물과 함께 살아가는 사람이 보다 동물과 원만한 관계를 유지하고 그로 인해 동물과 함께 할 때 얻을 수 있는 다양한 산업적 이득 뿐 아니라, 감정적 충만까지도 기대할 수 있기 때문이다.

　　현대 전세계적으로 빈번하게 발생하는 동물의 유기, 학대, 방치 등의 문제들은 동물에 대한 낮은 윤리 의식은 물론이고, 동물과 동물의 정상 행동에 대한 잘못된 이해에서 비롯되고 있다. 대표적으로 최근 국내에서 대두되고 있는 개물림 사고들과 같이 사회적으로 크게 논란이 되고 있는 동물의 행동 문제들 역시 동물에 대한 제대로 된 이해 없이 진행되고 있는 잘못된 훈련과 양육, 관리와 무관하지 않으며, 동물에 대한 부정적인 사회적 인식들과 오해들이 쌓이면서 이러한 문제들에 대한 사회적 갈등을 보다 심화 시키고 있다.

그러므로 수의업을 포함한 동물과 관련된 산업 종사자들과 보호자들에게는 동물에 대한 올바른 지식과 정보, 그리고 이를 바탕으로 한 책임감과 윤리 의식이 필요하다. 동물 행동에 대한 이해를 바탕으로 보호자는 동물을 책임감 있게 양육하고 종사자는 동물을 안전하고 윤리적으로 치료하고 관리해야 한다. 특히 현재 사회적으로 크게 이슈화 되고 사회적 합의와 규율이 요구되고 있는 동물의 공격 행동에 대해 올바른 지식과 시각을 갖추고 본질적으로 이 사회가 이러한 문제를 해결하기 위해 어떠한 방향의 관리 방향을 제시해야 할지 책임감을 가지고 함께 고민해 보아야 한다.

이를 통해 동물의 복지가 향상되고 나아가 동물과 함께 살아가는 사람과 사회 모두의 이익을 보장할 수 있다.

CHAPTER 1 동물행동학의 정의

1. 정의 ·· 4

2. 잘 알려진 동물행동학 ·· 6

3. 행동의 분류 ·· 7

　〔1〕 선천적인 행동 vs 후천적인 행동　7

　〔2〕 개체 유지 행동 vs 사회 행동　9

　〔3〕 이상 행동〔abnormal behavior〕　10

4. 동물 행동 이해의 필요성 ·· 12

CHAPTER 2 동물행동학의 발달

1. 개의 발달 과정 ·· 18

　〔1〕 신생아기〔neonatal period〕　18

　〔2〕 전이 시기〔transitional period〕　20

　〔3〕 사회화 시기〔socialization period〕　21

　〔4〕 청소년 시기〔Juvenile period/adulthood〕　25

　〔5〕 성견〔adult〕　28

　〔6〕 노견/노령견　29

2. 고양이의 발달 과정 ·· 30

　〔1〕 신생아기〔neonatal period〕　30

　〔2〕 전이 시기〔transitional period〕　32

〔3〕 사회화 시기(socialization period) 32

〔4〕 청소년 시기(Juvenile period/adulthood) 36

〔5〕 성묘 시기 36

〔6〕 노령묘, 노묘 시기 39

CHAPTER 3 동물의 의사소통

1. 개의 의사소통 ·· 44

〔1〕 개의 감각 44

〔2〕 시각적 의사소통 45

〔3〕 청각적 의사소통 51

〔4〕 후각적 의사소통 52

〔5〕 신체 접촉을 통한 의사소통 54

2. 고양이의 의사소통 ·· 56

〔1〕 고양이의 감각 56

〔2〕 시각적 의사소통 57

〔3〕 청각적 의사소통 59

〔4〕 후각적 의사소통 60

〔8〕 신체 접촉을 통한 의사소통 61

CHAPTER 4 동물행동의 교육 이론

1. 습관화(habituation) ·· 67

2. 탈감작화/탈감각화/둔감화(Desensitization, DS) ······················ 68

3. 연상학습(associative learning) ································· 70

　　⑴ 고전적 조건화(classical conditioning) 71

　　⑵ 역조건화(counter-conditioning) 71

　　⑶ 도구적 조건화(instrumental/operant conditioning) 73

4. 시행착오(trial and error) ····································· 76

5. 모방(imitation) ··· 77

6. 혁신(innovation) ··· 78

7. 적응(adaptation) ··· 78

8. 트레이닝/교육(training) ······································ 79

　　⑴ 클리커 트레이닝(clicker training) 81

　　⑵ DSCC(desensitization+counter-conditioning) 82

　　⑶ 상벌의 기본 원칙 83

　　⑷ 트레이닝 도구의 이용 84

사회 행동

1. 무리와 사회 ··· 90

2. 무리의 형태 ··· 93

　　⑴ 단독생활 93

　　⑵ 짝(pair) 형태의 무리 95

　　⑶ 일부다처제(하렘, harem) 95

　　⑶ 복합 사회구조 96

3. 사회적 순위(서열) ··· 96

4. 영역 ··· 102

5. 사회 행동 ··· 103

　　⑴ 공격행동(aggressive behavior) 103

　　⑵ 놀이행동 110

〔3〕 사회화 113

〔4〕 합사 115

CHAPTER

6 섭식 행동

1. 정의 ··· 120
2. 섭식의 종류에 따른 동물의 분류 ··· 121
   〔1〕 육식동물 121
   〔2〕 초식동물 126
   〔3〕 잡식동물 128
3. 사육동물의 식이 관리 ·· 129

CHAPTER

7 성 행동

1. 유성생식 ·· 136
2. 혼인 제도 ··· 139
3. 양육 ··· 142
4. 성 행동 ·· 142
   〔1〕 개의 성 행동 143
   〔2〕 고양이의 성 행동 144
   〔3〕 성 행동의 조절 145
   〔4〕 성 행동에 영향을 미치는 요인 147

모성 행동

1. 모성 행동의 개시 ·· 154
2. 분만(delivery)과 분만 후 ·· 156
3. 개와 고양이의 모성 행동 ·· 161

찾아보기_165

수의사가 쓴
동물행동학

Animal Behavior
Written By a Veterinarian

CHAPTER

1

동물행동학의 정의

**학습
목표**

- 동물행동학의 정의 및 관련 연구를 학습한다.
- 수의업계를 포함한 관련 업계 종사자로서 동물행동학을 왜 학습해야 하는지에 대한 필요성을 이해한다.
- 동물과 관련된 다양한 사회 문제들을 관리하는 데에 동물행동학이 어떤 역할을 할 수 있을지 토의해본다.

1 정의

동물행동학(animal behavior, ethology)은 사람 이외의 동물이 보이는 행동을 관찰하여 그 경향성을 파악하고, 그 원인이나 목적을 규명하거나, 기전, 발달 과정 등을 연구하는 학문이다. 동물의 종에 따라 다양한 행동이 관찰될 수 있으며 같은 종의 동물일지라도 지역이나 시기에 따라 다른 행동을 보일 수 있다. 같은 종의 동물이 모든 상황에서 똑같은 행동을 보이는 것이 아니기 때문에 통계적인 경향성을 파악하는 것이 중요하다. 일례로 백과사전에서 '사자'라는 동물을 검색했을 때 확인할 수 있는 대표적인 행동 양식에는 다음과 같은 것이 있다.

- 사자는 10~20마리가 무리를 지어 산다.
- 사냥은 주로 암컷들이 하고, 수컷은 자기 세력권을 지킨다.
- 공동작전으로 무리 일부가 사냥감을 추적하고, 나머지는 잠복 대기하였다가 덤벼들어 잡는 경우가 많다.
- 낮에는 나무그늘에서 쉬고 야간에 활동하면서 먹이를 찾는다.
- 사냥감으로는 얼룩말 · 영양 · 기린 · 물소 · 사슴 · 멧돼지와 같은 것들이다.

[두산백과사전]

우리가 보통 알게 되는 사자의 행동은 단지 경향성으로 사자의 행동을 단편적으로 연구한 논문들을 집합한 것이다. 실제로 서식 환경에서의 사자를 관찰할 경우 단독으로 생활하거나 2~3마리의 소규모 무리를 짓는 경우도 상당히 흔하며 사냥 역시 수컷이 하는 경우가 많다. 사냥 방식 역시 단독으로 사냥하거나 2~3마리가 협동하는 방

교육   스트레스   질병

경험   성별

환경   연령

유전   식이

?   ?

?   ?

행동

그림 1 행동에 영향을 끼치는 요소들. 나열된 요소들은 극히 일부일 뿐이며 동물 자체 요인, 그리고 동물을 둘러싼 모든 요인들이 동물의 행동에 영향을 미칠 수 있다. 같은 동물들을 같은 환경 조건에 밀어 넣는다고 해도 보이는 행동들은 제각각이다. 학생 40명이 똑같은 시간에 똑같은 강의를 듣는다고 해도 학생들은 강의 중 각각 다른 행동을 보이고, 학업에 대한 성취 또한 제각각인 것과 마찬가지이다. 심지어 한 동물도 같은 조건에서 건강 상태 등의 컨디션에 따라 다른 행동을 보일 수 있다. 매일은 똑같은 시간에 똑같은 길로 똑같은 곳으로 출근한다고 해도 개인의 컨디션, 기분뿐만 아니라 그 날의 날씨 등의 외부 요인 등에 따라 출근 과정에서 보이는 행동은 매일 다를 것이다.

식을 취하는 경우도 있다. 낮에 사냥하는 경우도 흔하게 관찰되며 코끼리 등 대형 동물을 사냥하는 경우도 있다. 따라서 사자라는 동물이 무조건 대형의 무리를 지어 무리 사냥을 하고 수컷이 세력권을 지키는 방식의 행동을 선택한다고 판단하는 것은 섣부른 오류가 될 수 있다. 행동은 유전적 소인, 교육, 과거의 경험, 환경 등 무수하게 많은 요소들에 영향을 받기 때문이다.

따라서 이 책에서 학습하고자 하는 개와 고양이를 포함한 동물들의 행동 역시 경향성에 기초하며 같은 종의 동물일지라도 동일한 조건하에서 동일한 행동을 보이지 않는다는 것을 사전에 염두에 두고 학습할 것을 권장한다.

또한 어떤 동물이 어떤 행동을 보일 때 그 행동을 왜 보이는지에 대한 원인, 목적, 동기, 영향을 미치는 요인 등을 탐구하는 것도 동물행동학의 분야라고 할 수 있다. 행동을 보는 상대에게 어떤 의사를 전달하는 것을 행동이라고 하는 용어로 정의할 수 있는데 그 행동을 통해 어떤 목적을 이루려고 하는지에 대한 규명을 하는 것이다. 동물은 사람이 알아들을 수 있는 음성 언어를 사용하는 것이 아니기 때문에 동물행동학은 크게 보면 동물의 언어를 연구하는 것이라고 생각할 수도 있다. 즉 이 동물이 이 행동을 통해 무엇을 원하고, 말하려고 하는지를 밝히는 학문이다. 일례로 개가 짖고 있을 때 왜 짖는지, 짖는 행동으로 무엇을 얻고 싶은지를 알게 되면 짖는 행동에 대한 대처, 더 나아가 짖는 행동을 어떻게 바라보고, 어떻게 관리할 것인지에 대해 계획을 수립할 수 있게 된다.

어떤 행동을 보이게 되는 기전, 그 행동을 발달시키는 과정이나 원리, 신체 반응을 연구하는 것 역시 동물행동학의 분야이다. 일례로 동물이 스트레스 상황에 놓였을 때의 신경계나 호르몬 등의 신체의 변화가 어떻게 동물의 행동을 조절하는지 그 기전이나 행동의 전후를 연구하기도 한다. 이러한 연구들은 사람의 언어로 표현하지 않는 동물의 복지 수준을 측정할 때 간접적인 도구로서 많이 이용된다.

2 잘 알려진 동물행동학

동물행동학이 학문으로서 처음 인정받게 된 계기는 조류에서의 각인 행동(imprinting)을 연구한 콘라드 로렌츠(Konrad Zacharias Lorenz)에서 시작되었다. 로렌츠(1903~1989)는 오리나 거위 등의 조류에서 부화 후 처음 본 것을 어미로 인식하여 쫓아다니는 행동을 규명하여 노벨생리의학상 및 의학상을 수상했다(1973). 이 행동은 정도나 시기의 차이는 있지만 거의 모든 동물에서 관찰되는 행동으로 알려져 있다. 이는 부화하거나 태어나서 처음 본 것이 어미일 확률이 가장 높으므로 새끼 동물이 생존을 위해 어미 동물을 바로 인식하고 따르는 행동을 선천적으로 보이는 것으로 추정하고 있다. 각인 행동을 통해 새끼 동물은 생존에 필요한 양육을 지원받을 뿐 아니라 스스로가 어떤 종인지에 대한 자기 인식을 하는 데에 중요하다고 연구되었다. 따라서 어린 야생 조류를 구조 및 관리할 때 야생으로 방생 시 생존 가능성을 높이기 위해 양육 시 사람에 각인되지 않도록 종과 비슷한 형태의 인형을 손에 씌우거나 가려서 사람에게 각인을 최소화하는 식으로 관리하는 방식이 권장되기도 한다.

개, 고양이 등의 포유류, 그리고 사람에서도 이러한 각인 행동이 조류만큼 강력하지는 않지만 스스로의 종을 인식하고 종에 알맞은 행동을 발달시키는 데에 중요한 역할을 한다.

잘 알려진 파블로프의 개 이론 역시 노벨생리의학상을 수상하며(1904) 동물행동학이 학문의 한 분야로 자리잡는 데에 기여하였다. 이반 파블로프(Pavlov, Ivan Petrovich)는 개에게 먹이를 줄 때마다 종소리를 들려주면 나중에는 종소리만 들려주어도 생리학적인 반사작용으로 인해 침을 흘린다는 것을 확인하였고, 동물의 생리학적인 반응을 인위적으로 조장할 수 있다(=조건화시킬 수 있다, conditioned)는 것을 규명하였다. 이 연구에 대한 보다 자세한 내용은 4장에서 언급한다.

3 행동의 분류

동물의 행동은 분류 기준에 따라 여러 가지로 나눌 수 있다.

(1) 선천적인 행동 vs 후천적인 행동

선천적인 행동(innate behavior)은 동물이 태어나서 보거나 배우거나 경험하지 못했지만 저절로 보이는 행동을 뜻한다. 바다거북이의 새끼들이 알에서 깨어났을 때 저절로 바다 쪽으로 향해 이동하는 행동이나 거미가 종마다 특징적인 거미줄을 만드는 행동들은 부모 동물들에 의해 학습하거나 보거나 경험해 보지 않아도 그 종으로 태어났다면 저절로 하는 행동들이다. 이러한 행동들은 보통 유전 정보에 의해 태어날 때부터 본능적으로 하는 것으로 생각되고 있다.

선천적인 행동에 속하는 대표적인 행동이 각인(imprinting)이다. 로렌츠에 의해 처음으로 규명된 이 행동은 앞서 서술한 대로 동물이 태어나서 처음 본 것을 부모 동물로 인식해 따르는 행동이다. 이 행동은 동물이 경험하거나 학습하여 배운 행동이 아닌, 태어나자마자 바로 보이는 본능적인 행동으로 이 행동을 통해 새끼 동물은 생존할 수 있는 확률이 증가하게 된다. 태어나서 처음 본 것이 부모 동물일 확률이 높으므로 새끼 동물은 이 동물을 따름으로써 생존에 필요한 양육을 제공받고 안전을 보장할 수 있게 된다. 조류에서 보다 확연하게 보여지는 경향이 있으며, 포유동물에서도 이 행동을

그림 2 아주 어린 시기에 구조되었으나 제공된 모래 화장실을 자연스럽게 이용하는 새끼 고양이. 많은 구조된 어린 고양이들에서 부모 동물에 의한 교육, 모방 등을 통한 학습 없이 모래 화장실을 사용하는 것이 확인되는 것으로 보아 선천적인 행동일 것으로 추측할 수 있다. 물론 간혹 모래 화장실을 사용하지 않는 집 고양이들도 확인되기 때문에 이 또한 절대적으로 선천적인 행동이라고 확정할 수는 없다. 동물의 많은 행동들이 선천적인 부분과 후천적인 부분이 모호하게 뒤섞여 기원을 분간하기 어려운 경우가 많다.

그림 3 뻐꾸기류는 다른 새의 둥지에 알을 낳아 새끼를 다른 종의 새가 키우도록 유도한다. 새끼 새는 다른 종의 둥지에서 태어나서 양육되지만 성체가 되었을 때 같은 행동을 통해 번식한다. 따라서 이 행동은 뻐꾸기류의 선천적인 행동으로 간주하고 있다.

* 다른 종의 새 둥지에서 부화한 뻐꾸기 새끼가 다른 종의 조류에 각인된 후 어떻게 그 종이 아닌 뻐꾸기라는 종으로 성장할 수 있는지에 대한 연구가 진행되고 있으며 이 연구는 각인에 대한 또 다른 해석을 가져올 것으로 기대된다.

통해 스스로가 어떤 동물 종인지 인식하고 그 종이 필요한 다양한 행동을 자연스럽게 습득할 수 있는 것으로 생각되고 있다. 각인의 결과 새끼와 부모 동물 사이에 강한 유대감이 형성되며 한 번 형성된 유대감은 되돌리기 어렵다고 알려져 있다.

뻐꾸기 종에서 관찰되는 탁란 행동(brood parasitism)은 뻐꾸기가 다른 새의 둥지에 알을 낳는 행동이다. 다른 새의 둥지에서 깨어난 새끼 뻐꾸기는 본능적으로 둥지 내에 원래 새끼 새들을 둥지 밖으로 밀어내고 부모 새의 양육을 독차지하는 행동을 보인다. 이 행동은 알에서 깨어나자마자 바로 시작되며 배우거나 경험한 행동이 아니기 때문

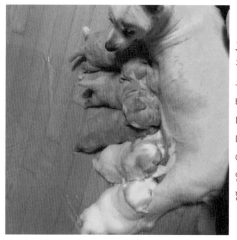

그림 4 눈을 뜨지 않은 새끼 강아지들이 어미 개의 젖을 빨고 있다. 입에 닿는 무언가를 빠는 행동은 포유동물에서 포유기에 공통적으로 발견되는 반사이며 빠는 자극으로 인해 어미 동물의 젖 분비가 촉진된다. 뭔가를 빨아서 먹는 행동은 많은 동물 종들에서 대체로 흔하지 않으며 젖을 먹는 시기에만 발달하고 이유를 시작하면서 소실된다. 사람을 비롯한 일부 유인원만이 빨대를 사용하여 음식을 먹을 수 있다고 한다.

에 뻐꾸기 종 특유의 선천적인 행동으로 생각되고 있다.

포유동물에서는 태어나자마자 입에 닿는 것을 물고 빠는 행동을 보이는 포유반사/젖빨기 반사(rooting reflex)를 보인다. 이는 포유동물인 사람에서도 동일하게 보이는 행동이다. 정상적인 상황이라면 새끼의 입에 닿는 것이 어미 동물의 젖일 가능성이 높기 때문에 적절한 먹이 공급이 이루어져 새끼의 생존율이 올라가는 데에 도움이 된다.

후천적인 행동은 동물이 살아가면서 보고 듣고 경험하고 학습하여 새롭게 발달시킨 행동을 의미한다. 이 중 학습행동(learned behavior)은 개체 또는 무리마다 주어진 환경의 특성과 특수성에 맞는 행동을 부모, 형제 동물들에게서 배워 습득한 행동이다. 사육 동물의 경우 사람과의 관계를 위해 기존 동종들의 행동이 아닌 다른 새로운 행동들을 학습하게 되는 경우도 있다. 또한 환경의 변화에 따라 기존 행동을 이로운 쪽으로 변화시키는 경우도 있다(조정행동, modified behavior). 시기적으로 먹을 수 있는 먹이의 종류와 양에 따라 식이가 변화하는 것을 예시로 들 수 있다.

(2) 개체 유지 행동 vs 사회 행동

개체 유지 행동은 각 개체가 생존을 위한 기본적인 문제 해결과 생리적 욕구를 충족시키기 위한 행동을 의미한다. 동물이 단독적으로 행동할 수 있는 먹이 먹기, 물 마시기, 휴식, 수면, 배설(elimination), 몸 단장(grooming behavior), 탐색 행동 등이 이에 속한다. 이러한 행동들은 개체의 생존을 유지하기 위한 행동이다.

사회 행동은 개체들 간의 상호작용을 위한 행동들을 의미한다. 구애 행동

그림 5 고양이가 스스로의 청결을 위해 몸단장을 하고 있다(self-grooming, 개체 유지 행동).

그림 6 토쿠원숭이(Toque macaque)들이 서로 몸단장을 해주며 유대를 증진시키고 있다 (allo-grooming, 사회 행동).

(courtship behavior), 짝짓기(mating behavior), 새끼 양육, 세력권 방어, 놀이 행동, 공격 행동 등이 이에 속한다. 이러한 행동들을 통해 동물은 작게는 개체 간의 관계를 유지하며 크게는 무리, 사회를 이루어 서로 협력하고 유대를 도모한다. 같은 행동이라고 할지라도 목적에 따라 개체 유지 행동이나 사회 행동으로 분류되기도 한다. 사회 행동에 대한 보다 자세한 사항은 5장에서 다룬다.

(3) 이상 행동(abnormal behavior)

동물이 그 종의 정상 범위에서 벗어난 행동을 보일 경우 이를 이상행동으로 설명한다. 많은 요인들에 의해 나타나는 경우가 대부분으로 원인을 한두 가지로 규정하기도 어렵고 밝히기도 쉽지 않다. 반려동물에서는 정상행동일지라도 사람에 피해를 주는 경우도 이상행동, 혹은 문제 행동으로 구분하기도 한다. 일례로 동물의 공격행동은 스스로를 방어하기 위해 필요한 정상 행동으로 간주할 수도 있으나 사람에게 상해를 입

그림 7 개에서의 공격성은 그 원인과 상황에 따라 종종 비정상 행동이나 문제 행동으로 간주된다

그림 8 꼬리를 씹는 자해 행동(tail mutilation)으로 인해 심각하게 손상된 꼬리. 이 자해 행동은 평생 지속되었으며 여러 가지 시도에도 교정되지 않아 결국 보호자가 안락사를 고려한 케이스이다. 그러나 이러한 강박행동장애는 사람과 마찬가지로 여러 가지 기전으로 발생하는 뇌의 '질병'으로, 교육으로는 해결되지 않으며 약물 치료를 시작함과 동시에 드라마틱하게 개선되었다(JVC, 2022).

히거나 하는 것을 방지하기 위해서 교육이 필요한 경우가 있다. 간혹 공격성이 육체적, 정신적 이상이나 질병으로 인해 나타나는 경우 수의학적인 치료가 진행되기도 한다.

　이상 행동의 한 예로서 정형행동(stereotype behavior)을 들 수 있다. 이는 주로 사육되는 야생동물에서 사용되는 용어로서 특별한 의미 없이 단조롭고 규칙적인 행동을 집착적으로 반복하는 것을 의미한다. 이러한 행동은 뇌의 기능 이상, 환경적 요인, 스트레스 등의 원인이 복합적으로 기능하여 발생하는 것으로 생각되고 있다. 단조로운 환경에서 사육되는 지능이 높은 동물에서 주로 발견되는데 동물의 복지 정도를 판단하는 중요한 행동학적 척도 중 하나로 여겨지고 있다.

　반려동물에서는 사람에서의 정신과 용어와 동일하게 강박행동장애(obsessive compulsive disorder, OCD)라는 용어로서 관련 행동이 정의되어 있으며 이는 수의학적인 치료가 반드시 필요한 행동 장애이다. 이는 '질병'이기 때문에 많은 경우 단순 트레이닝만으로 행동이 '교정'되지 않으며 약물치료가 반드시 선행되어야 한다.

4 동물 행동 이해의 필요성

동물행동학은 최근 주목받고 있는 동물복지(animal welfare)와 사람과 동물의 관계(HAB: human—animal bond)의 근간이 되는 학문이다. 즉, 동물의 행동을 이해함으로써 동물이 필요로 하는 복지 수준을 충족시켜줄 수 있으며, 이를 통해 동물과 인간의 지속가능한 공존을 생각해 볼 수 있다. 야생동물의 경우, 동물의 정상 행동, 정상 생태를 이해함으로써 그 동물의 야생에서의 서식지, 개체 수 등을 어떻게 보호해야 할지 계획할 수 있으며, 동물원, 보호센터 등의 사육 야생동물에서는 그 동물이 필요로 하는 사육 환경 및 관리 방향을 결정할 수 있다. 산업동물/농장동물의 경우, 동물의 행동과 생태를 이해함으로써 스트레스 관리가 가능하며 이를 통해 더 고품질의 육가공품 생산을 통해 사람의 복지로 이어질 것을 기대할 수 있다. 반려동물의 경우 정상 행동을 이

그림 9 몸을 숨길 수 있는 우거진 풀숲과 오르내리거나 매달릴 수 있는 시설을 마련한 대형 고양이과 동물들의 사육장. 본래의 서식지와 비슷한 환경을 조성해 줌으로써 동물이 원래 보일 수 있는 생태와 행동을 사육 상태에서도 어느 정도 구현할 수 있다.

그림 10　고양이과 동물의 생태와 행동을 실내에서 구현할 있도록 마련한 캣타워

그림 11　야생 상태의 동물을 어떻게 보호할 수 있을지는 그 동물의 행동을 이해해야 한다. 대규모 무리를 짓고 넓은 영역을 이동하며 물을 좋아하는 코끼리에게는 먹이와 물이 풍부한 넓은 보호구역이 필요할 것이다. 사진은 보츠와나 쵸배국립공원으로 코끼리 보호구역이다.

해한 적합한 관리로 사람과 동물 간의 유대를 증진할 수 있으며, 이는 동물의 유기, 학대 등의 사회적 문제를 본질적으로 해결할 수 있는 열쇠가 된다.

　　수의사와 동물보건사 등 수의업종은 동물의 질병을 치료, 관리하기 위한 직업군으로 이를 위해 관련 동물의 행동을 이해하는 것이 매우 중요하다. 동물병원에 내원하는 동물 환자는 기본적으로 질병으로 인해 몸이 불편할 가능성이 높고, 낯선 장소와 사람들의 접촉으로 예민한 상태로, 그러한 동물의 보일 수 있는 행동들을 이해하여 동물을 보정, 처치, 치료, 관리하여야 한다. 올바른 지식을 바탕으로 한 동물의 관리는 동물의 스트레스와 불안 정도를 낮춰 동물과 사람 모두의 안전을 보장할 뿐 아니라 의료적인 회복에도 결정적인 영향을 미칠 수 있다.

　　최근에는 전문적인 동물의 재활과 트레이닝 등이 필요한 경우도 점차 증가하고

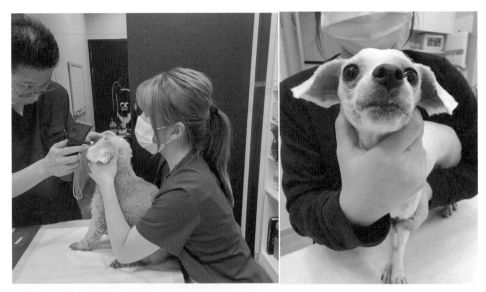

그림 12 동물 환자의 보정

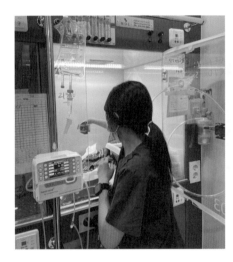

그림 13 동물 환자의 입원 관리

있어, 동물 행동과 교육과 관련된 지식 및 실기 습득이 더욱 중요하게 부각되고 있는 실정이다. 일례로 정형외과를 주력으로 하는 동물병원에서는 수술 후 회복을 위해 재활 프로그램을 함께 운영하는 경우가 많아 관련 종사자의 충원이 시급하다.

최근 사회적인 문제로 대두되고 있는 개의 공격성 문제를 포함해서 동물 행동의 수의학적인 치료를 전문으로 하는 수의사와 동물병원 역시 증가할 것으로 예측된다. 따라서 수의업계 종사자는 동물 행동의 전반적인 이해를 통해 관련 문제를 치료, 관리, 해결하는 방향을 보호자, 나아가 전체 사회와 함께 모색하고 발전시킬 수 있어야 한다.

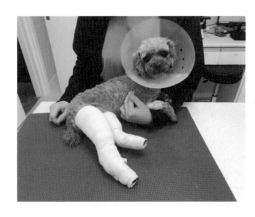

그림 14 정형외과적인 수술을 진행한 동물 환자의 관리

보호자의 동물에 대한 이해가 부족할 경우 많은 정상 행동들이 문제 행동으로 간주되어 잘못된 교육과 관리, 심지어 유기와 학대가 발생하기도 한다. 따라서 동물과 함께 살기로 한 보호자라면 그 동물에 대한 올바른 정보를 습득하고 적절하게 관리해 줄 수 있어야 한다.

뿐만 아니라 다양한 분야에서 동물의 의료적인 부분을 포함한 총괄적인 관리를 필요로 하고 있으며 이를 위해 개, 고양이를 포함한 반려동물 및 실험동물, 야생동물, 농장동물, 수생동물 등의 다양한 동물군에 대한 의료와 행동에 대한 이해가 필요하다.

CHAPTER

2

동물행동의 발달

학습
목표

- 개에서의 행동 발달 과정을 이해한다.
- 고양이에서의 행동 발달 과정을 이해한다.
- 각 발달 과정 내의 동물이 동물병원에 내원하는 상황들을 예상해보고, 어떻게 동물들을 최대한 동물병원과 치료 과정에 트라우마 없이 관리할 수 있을 것인가에 대해 생각해 본다.

동물은 성장하면서 각 종에 적합한 다양한 행동을 발달시킨다. 동물 종에 따라 행동의 발달 과정 및 양상은 다양하지만 대체로 어린 시기에 빠른 행동 변화를 보일 수 있다. 신체적인 성장 과정과 함께 행동 역시 그에 따라 변화한다. 행동에 영향을 미칠 수 있는 유전 등 선천적인 부분이나 치료가 필요한 신체적, 정신적 질병 등을 제외한다면 발달 과정 중의 교육, 식이, 사회, 환경, 경험, 모방 등이 성체가 되었을 때 보이는 행동에 영향을 미칠 수 있다.

* 이후 나열한 개와 고양이의 발달 단계는 실험과 연구를 통해 통계적으로 규정된 것으로 각 시기들은 늦어지거나 빨라지거나 서로 중첩될 수 있다. 마치 사람에서 사춘기 시기를 규정할 때, 13세 생일~18세 생일로 딱 잘라 구분할 수 없는 것과 같다.

1 개의 발달 과정

신생아기	전이시기	사회화시기	청소년시기	성견	노견
생후 0~2주	생후 2~3주	생후 3~12주	생후 12주~ 성성숙 전후	성성숙 이후	7년령 이후

(1) 신생아기(neonatal period)

태어나서 10일 전후를 개에서의 신생아기라고 한다. 태어난 직후의 강아지는 눈과 귀가 닫혀 있어 보거나 들을 수 없다. 또한 다리로 몸을 지탱할 수 없기 때문에 움직임에 많은 제약이 있으며 배가 바닥에 닿은 자세로 몸을 밀어내는 형태로 아주 적은

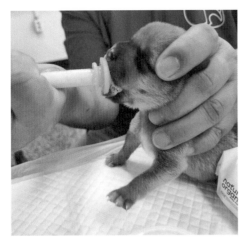

그림 15 신생아 시기 강아지의 수유 케어

거리를 이동할 수 있다.

체온 조절 능력이 현저하게 떨어져 본능적으로 따뜻한 곳으로 파고들려고 하며, 보통 어미 개의 품으로 파고들어 젖을 찾는 행동을 보인다. 어미 개의 체온과 유선 근처에 분포한 페로몬(pheromone)이 강아지를 품으로 유인하는 것으로 알려져 있다(이 페로몬은 개를 안정시키는 기능을 한다고 하며, 현재 상품화되어 개의 행동 문제를 관리하는 데에 이용되고 있다).

또한 사람을 포함한 포유동물들은 태어나자마자 젖빨기 반사(포유 반사, rooting reflex)를 통해 입에 닿는 모든 것을 빠는 행동을 보이는데, 강아지 역시 본능적으로 어미의 젖을 찾아 입으로 빠는 행동을 보인다. 수유는 보통 유치가 나는 2~3주령에서 최대 2~3개월령까지 유지될 수 있다.

자발적으로 배변이나 배뇨를 할 수 없어 어미 개가 엉덩이와 생식기 주변을 핥아주는 자극에 의해 배변, 배뇨가 이루어지며, 보통 어미 개는 이 배설물을 먹음으로써 보금자리의 청결을 유지하고 천적을 유인할 수 있는 냄새를 없애려고 한다. 어미 개의 핥는 행동은 자극으로 인한 마찰열을 통해 강아지의 체온을 유지하게 해주고 청결을 유지하게 할 뿐 아니라, 어미 개와 강아지 간의 유대 관계를 진전시키는 기능 역시 가지고 있다고 한다. 간혹 어미 개가 없는 신생 강아지를 케어해야 할 경우, 어미 개가 핥아주는 행동을 모방하여 몇 시간 간격으로 부드럽고 촉촉하고 따뜻한 수건으로 강아지의 엉덩이 및 생식기 부분을 문질러 배뇨와 배변을 유도해 주어야 한다. 인공포유 역시 강아지용으로 나온 제품을 따뜻하게 데워서 어미 개의 젖꼭지를 모방한 젖병을

그림 16 신생아 시기의 새끼들과 돌보는 어미 개. 새끼들은 시각과 청각 없이 본능적으로 어미 품을 파고들어 젖을 찾아 빠는 행동을 보인다.

이용해 젖빨기 반사를 유도할 수 있다.

짖지는 못하는 시기이지만, 끙끙거리는 소리를 통해 어미 개가 자신을 찾아서 보호할 수 있도록 한다. 어미 개는 강아지의 끙끙거리는 소리에 반응하여 보금자리에서 떨어진 강아지를 보금자리로 물어와 돌보는 행동을 보인다. 이러한 어미의 행동은 새끼를 분만한 후 양육하는 과정에서 분비되는 모성 호르몬의 영향을 받는데, 간혹 상상임신(pseudopregnancy) 중인 암컷의 경우 삑삑 소리가 나는 장난감을 새끼로 인식하여 품에 모으는 행동을 보일 수 있다. 이러한 경우 중성화를 통해 불필요하게 분비되고 있는 모성과 관련된 호르몬을 제한하면 모성 관련 행동들을 줄일 수 있다.

(2) 전이 시기(transitional period)

강아지는 생후 10일 전후로 눈과 귀가 열려 보고 들을 수 있다. 생후 10일 전후에서 사회 시기에 도입하는 전후의 아주 짧은 시기를 전이 시기라고 한다. 발달하는 시각과 청각을 통해 주위 환경을 인식할 수 있으며 앞다리에 힘이 생겨 배를 밀며 이동할 수 있어 독립성이 증가하는 시기이다. 그러나 여전히 운동성과 체온 조절 능력이 온전히 발달하지 않은 상태로 보금자리에서 많이 떨어진 거리를 이동하지는 못한다. 개체에 따라 시기가 매우 빠른 경우 자발 배뇨, 배변이 시작되며 유치가 나기 시작한다. 발달하는 감각들을 통해 다른 동배 형제들을 인식하고 상호작용 하기 시작하며, 놀이 행동이 시작된다.

그림 17 3주령에 도달한 강아지. 눈과 귀가 열리고 유치가 나기 시작한다. 신생아 시기와 사회화 시기가 중첩되는 매우 짧은 시기로 일반적으로 구분해내기 매우 어렵다.

(3) 사회화 시기(socialization period)

생후 3~12주령 전후까지의 시기를 사회화 시기라고 하며 강아지들의 신체적, 정신적 발달이 급격하게 이루어지는 시기이다.

생후 4~6주령에는 유치가 발달하게 되면서 서서히 젖을 떼고 이유가 시작된다. 젖을 빠는 행동이 핥고 씹는 행동으로 치환되면서 빠는 행동은 사라진다. 어미 개 역시 유치로 인한 통증 때문에 젖을 물리는 것을 피하게 되며 보통 이 시기부터는 어미의 모성 호르몬이 낮아지기 시작하기 때문에 새끼들을 돌보는 행동이 서서히 줄어든다. 따라서 독립적인 행동이 발달한다. 8~9주령이 도달하면 운동 능력이 발달하여 배뇨, 배변을 보금자리에서 떨어진 다른 곳에 하기 시작한다. 이 행동 발달 기전을 이용하여 배변 교육이 가능해진다.

이 시기가 중요한 이유는 신체적 발달뿐만이 아니라 신경계의 발달과 밀접한 연관이 있는 시기로 외부 자극들을 빠르게 받아들이고 수용하고 학습하는 기전이 발달하기 때문이다. 마치 사람에서 특정 양육 시기에 접하는 언어를 모국어로서 받아들이는 것처럼, 이 시기의 강아지들은 사회적 행동을 급격하게 발달시켜 동종의 부모, 형제들 간의 교류가 증가하고 이러한 교류를 통해 사회적 신호 체계와 언어를 발달시키게 된다. 또한 많은 외부 자극들을 비교적 거부감 없이 받아들이고 이때의 경험 및 학습이 거의 평생 지속되는 행동 패턴의 근간이 될 수 있다. 따라서 이 시기에 경험하거나 학습한 긍정적인 사회적 경험들이 이후 개의 적응력을 결정하는 중요한 요소가 된다.

그림 18 이유를 시작한 강아지들. 아직 씹는 행동이나 소화 기능이 완전하게 발달하지 않았기 때문에 어린 강아지 전용 식이를 제공하는 것이 좋다.

그림 19 동배 형제들과의 교류, 놀이행동. 개들끼리 서로 입을 벌려 마주 무는 행동을 play mouthing이라고 하며 놀이 행동의 일종이다. 사회화 시기 이러한 놀이 행동을 배우지 못한 개는 이후 다른 개들과 교류하거나 노는 것을 어려워 할 수 있다.

　　반려견에서 흔히 발생하는 행동 문제들의 많은 부분이 ① 사회화 시기의 긍정적인 경험과 학습, 자극의 부족, 혹은 ② 부적절하고 부정적인 경험 및 학습, 자극 등과 밀접한 연관이 있을 수 있다. 일례로 사회화 시기에 다양한 원인으로 인해 부모, 형제 동종 동물들과의 사회적 교류가 부족했거나 부적절했을 경우, 다른 개들에 대한 사회성이 떨어지거나 적절한 교류 방법을 몰라 동물 간 오해가 발생하거나 두려움으로 인한 공격성이 발생할 수 있다. 혹은 사회화 시기에 사람에게 학대를 당하는 등의 부정적이고 트라우마로 남을 만한 경험이 있었을 경우, 이후 사람과의 긍정적인 사회 관계를 맺는 것에 보다 어려움을 겪을 가능성이 크다.

　　사회화 시기의 강아지들은 동물병원에서 예방접종을 시작하는 것으로 동물병원이라는 공간을 처음 접하게 되는 경우가 많다. 따라서 강아지들은 필연적으로 동물병원에서 접종으로 인한 통증, 낯선 사람들에게 낯선 방식으로 핸들링되는 등 부정적인 경험들을 할 가능성이 크고 이러한 경험들은 이 시기의 민감한 강아지들의 행동 발달에 많은 영향을 미친다. 이 경험들이 유의적일 정도로 불안과 공포로 인식된 많은 강아지

그림 20 성견에게 놀이 행동을 배우는 중인 사회화 시기의 어린 강아지

그림 21 동물병원에서의 어린 강아지 핸들링. 이후 동물병원에 대한 두려움으로 인한 행동 문제를 예방하기 위해서 가급적 젠틀한 핸들링과 처치가 요구된다.

들은 이후 동물병원을 내원해야 할 때 심각한 불안과 스트레스, 공포로 인해 질병의 치료 과정에서 어려움을 겪을 수 있다. 수의업 종사자들이 이 시기에 내원하는 강아지들의 핸들링과 케어에 보다 섬세하게 신경 써야 하는 이유이다.

사회화 교육의 연장으로 산책을 통한 외부 활동을 이 시기에 시작하는 것이 좋은지에 대한 논란이 존재한다. 예방접종이 완벽하게 이루어지지 않은 강아지는 관련 전염병에 취약하기 때문에 외부 활동을 제한하는 경우가 많은데 예방접종이 완료된 시기는 이미 사회화 시기가 끝난 시기이기 때문에 이후 산책을 나갔을 때 적절한 교육사이 어려워질 수 있기 때문이다. 일례로 사회화 시기에 잔디를 밟아보지 않은 강아지는 이후에도 잔디를 밟는 것을 어려워할 수 있으며 목줄과 리드줄을 하고 보호자와 함께 걷는 연습을 하지 않은 강아지는 이후 목줄 하는 것을 불편해할 수 있다. 외부 환경에서 마주치는 다른 사람, 다른 개, 다른 동물들, 오토바이, 차, 뛰어오는 어린이들 등 다

그림 22 처음 야외로 나온 사회화 시기의 강아지. 조용하고 안전하고 깨끗한 장소에서 시각적, 청각적, 후각적으로 외부 환경을 경험하게 한다.

그림 23 처음 목줄과 리드줄을 하고 야외로 나온 사회화 시기의 강아지. 조용하고 안전하고 깨끗한 장소에서 목줄과 리드줄을 하고 사람과 함께 걷는 것을 짧게라도 경험하게 해준다.

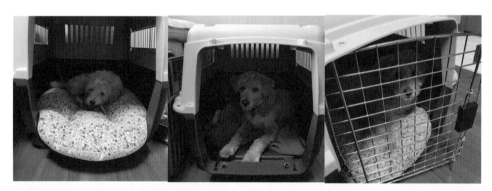

그림 24 크레이트(crate) 교육 중인 사회화 시기의 어린 강아지와 익숙하게 크레이트를 사용하는 성견. 크레이트 교육이란 제한된 장소에 편안하게 머물 수 있도록 하는 교육으로 보통 크레이트(캔넬)나 이동장을 많이 이용한다. 교육이 잘 진행되면 성견이 되어서도 크레이트에서 잘 머물 수 있어 이후 필요에 의해 개가 머무는 장소를 제한해야 하거나 대중교통이나 비행기를 탈 때 보다 안정적이고 편안하게 이동할 수 있다.

그림 25 사회화 시기에 다양한 장소를 방문하고 다양한 사람, 다양한 동물들을 만나며 긍정적인 경험을 할 수 있도록 유도한다.

양한 자극들을 사회화 시기에 긍정적으로 경험하지 못한 개는 이후 산책에서 마주치는 자극들에 불안과 공포, 스트레스를 과도하게 받아 공격성을 보일 가능성도 있다. 따라서 수의학적인 질병 예방과 행동학적인 사회화 교육 모두를 충족시키기 위한 방법을 모색할 필요가 있다. 다른 동물을 밀접하게 접하는 것은 전염병에 취약한 어린 강아지에게 위험하므로 개들이 많이 모이는 모임이나 공간은 피하고, 바닥이 깨끗하고 자극이 적은 조용한 외부 공간에서 목줄과 리드줄을 통해 걷는 연습을 조금씩 하거나 안고 산책을 하는 것 등으로 절충할 수 있다.

(4) 청소년 시기(Juvenile period/adulthood)

통상적으로 사회화 시기 이후부터 성 성숙(puberty) 이전까지의 시기를 말하며 보통 수컷에서는 생후 7개월 전후, 암컷에서는 생후 6개월 전후이다(개체에 따라 성 성숙 시기는 다를 수 있다). 기관이나 단체, 연구, 임상가들에 따라 청소년 시기를 생후 1년까지로 보고 생후 1년 이후를 성견으로 보는 경우도 있다(일례로 사료 회사들의 경우 성견을 생후 1년 이상으로 보고 사료를 1년령 기준으로 출시한다). 행동학적으로는 생후 2년까지를 청소년 시기로 보기도 한다.

이 시기의 강아지들은 사람에서의 사춘기와 거의 동일하며 소위 '중2병'을 겪는 천방지축 청소년들과 유사하다. 크기와 활동성이 폭발적으로 증가한다. 폭넓은 경험들을 통해 행동을 발달시키는데 보통 보호자들이 받아들이기로는 부적절한 행동들이 많다. 보통 가구나 벽지를 뜯거나, 잘 가리던 배뇨, 배변을 못 가리거나, 짖거나 무는 행동이 증가하기도 한다. 성 성숙이 점차적으로 진행되면서 마킹, 마운팅 등의 행동이

그림 26 청소년 시기의 강아지가 성견과 함께 산책하고 잠시 휴식을 취하고 있다. 사회화 시기 이후에도 지속적으로 다양한 장소를 방문하고 다양한 사람, 다양한 동물들을 만나는 것뿐만 아니라 그 경험이 긍정적으로 작용할 수 있도록 유도한다.

그림 27 청소년 시기의 개는 소위 사고를 많이 치고 말을 듣지 않는다.

새롭게 시작되기도 하고 암컷의 경우 생리가 시작되며 예민해지거나 식욕이 떨어지는 등의 행동 변화를 동반할 수 있다. 또한 학습 능력은 사회화 시기에 비해 압도적으로 떨어지는 경향이 있다.

귀엽고 인형 같던 강아지가 크기가 커지고 보이지 않던 행동 문제들을 보여 보호자들이 당황하는 시기이며 일부 무책임한 보호자들에 인해 개에서 가장 많은 유기, 파양, 학대가 발생하는 시기이기도 하다.

또한 중성화 수술이 이 시기 중후반에 이루어지는 경우가 많다. 중성화 수술이란 수컷에서는 고환(정소)을 제거하고, 암컷에서는 자궁과 난소를 제거하는 수술이다. 찬반에 대한 논란은 여전히 존재하지만 수의학적으로는 대표적으로 수컷에서는 전립성 종양, 암컷에서는 자궁축농증 등 생명과 직접적으로 연관된 위험한 생식기계 질병의 예방을 위해 추천되고 있다. 미국수의사회에 따르면 유기동물이 과포화인 현 시점에 새롭게 번식을 통해 개체 수를 늘리는 것은 장기적인 동물복지 측면에서 부적절하기

그림 28 유기동물 문제는 전세계적으로 큰 사회문제로 간주되며 우리나라도 예외는 아니다. 몇 개체들은 입양되기도 하지만 그 비율은 아직까지도 극도로 미미하다. 이러한 상황에서의 새로운 개체의 생산은 그 자체가 장기적으로 동물의 복지를 충분히 저해하는 요소가 될 수 있다.

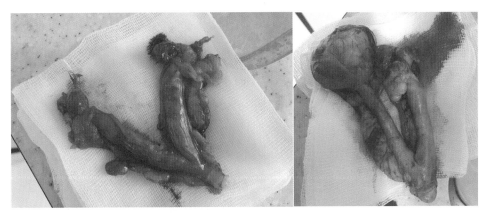

그림 29 수술적으로 제거된 난소와 자궁 (좌)
그림 30 수술적으로 제거된 난소종양 (우)

때문에 중성화 수술을 해줄 것을 권장하고 있다.

적절한 중성화 수술의 시기는 현재까지도 연구 중에 있다. 암컷 개에서는 첫 발정 전에 중성화 수술을 하는 것이 이후 생식기계나 유선 종양의 발생 빈도를 낮춘다는 연구 결과가 있는 반면 또 다른 연구에서는 너무 이른 시기에 중성화 수술을 진행할 시 비뇨생식기계의 발달을 저해한다는 연구가 있어 최근에는 충분히 성장한 이후에 수술을 하는 것을 권유하기도 한다.

행동학적으로는 발정으로 인한 동물과 보호자 모두의 스트레스를 감소시키기 위해서 추천하고 있다. 암컷에서는 발정 시 동물에 따라 식욕이 감소하고 통증이 있는 경우도 있으며, 신경이 예민해져 공격성을 보이는 경우도 있다. 수컷의 경우 지속적으로 교배할 상대를 찾아야 하기 때문에 에너지 소모가 크고 간혹 공격성이 심해지는 경

그림 31 다리를 들고 마킹하는 중성화된 수컷 개. 중성화된 암컷 역시 비슷한 마킹 행동을 할 수 있다.

우도 있다.

과도한 마운팅 행동(mounting), 마킹 행동(marking), 공격성 등 성호르몬으로 인한 행동 문제가 있을 시 중성화 수술을 통해 어느 정도는 감소시킬 수 있다고 알려져 있다. 그러나 성호르몬이 성 기관에서만 분비되는 것은 아니므로 중성화 수술을 통해 모든 성호르몬과 관련된 행동 문제가 개선되는 것은 아니다. 또한 행동은 습관으로 굳어지는 경우도 많기 때문에 중성화 수술을 한 이후에도 성 호르몬과 관련된 행동은 지속될 수 있다. 특히 마운팅 행동이나 마킹 행동의 경우 성적인 의미뿐만이 아니라 개들 간의 정상적인 커뮤니케이션 수단이므로 성별과 중성화 여부와 관계없이 일어날 수 있다. 공격성 역시 다양한 요인에 영향을 받고 마찬가지로 개들 간의 커뮤니케이션 수단이기 때문에 중성화와 관계없이 일어나는 경우가 더 많다.

(5) 성견(adult)

성 성숙 이후 대략 1년령 전후부터를 성견으로 간주한다. 신체적, 정신적 발달은 2년 이상까지도 지속된다고 보고 2년령 이상을 성견으로 간주하기도 한다. 일부 대형견의 경우 3년령까지도 신체적 발달이 지속되기 때문에 이 시기 이후를 성견이라고 보기도 한다. 이론에 따르면 선천적인 기질과 사회화 시기에 형성된 경험을 바탕으로 전반적인 성격과 행동이 형성되며 이는 잘 바뀌지 않는다고 알려져 있다. 사람에서 성인 학습자와 아동이 제2외국어인 영어를 배운다고 할 때 성인 학습자의 능률이 상당 부분 떨어지는 것과 같다. 그러나 성인 학습자가 효율은 떨어질 수 있으나 여전히 새로운 것을 학습하고 오히려 잘 응용할 수 있는 것처럼 개 역시 성견 이후에도 끊임없는 교육을 통해 평생에 걸쳐 새로운 행동을 배우고 기존 행동을 교정할 수 있다.

그림 32 크레이트 교육(crate training) 중인 성견 (좌)
그림 33 성견이 되어서도 놀이 행동은 지속된다. (우)

간혹 유기동물을 입양할 때 성체를 꺼리는 경우가 있는데 오히려 처음 동물을 키우는 보호자라면 성체 동물에 이미 형성되어 있는 성격와 행동을 이해한 후 이에 맞춰 서로가 원하는 행동을 교육해 나가는 것이 아예 어떻게 성장할지 예측 불가능한 백지 상태의 강아지를 교육하여 행동을 새로 만들어 가는 것보다 효율적인 경우도 있다. 또한 신체적, 정신적, 행동적으로 다 성장한 개는 강아지에 비교했을 때 상대적으로 활력과 에너지가 낮아져 관리가 보다 수월한 측면도 있다.

(6) 노견/노령견

보통 수의학적으로 7세령 이상을 노령견으로 간주한다. 이 시기 이후의 개에서는 이전과 비교했을 때 노화가 급격히 진행되며 신체적, 정신적 건강에 유의해야 한다. 정기적인 신체 검사가 필수로 초반에 질환을 진단해 관리해 나가야 한다. 많은 질환들이 이 시기에 시작되거나 진행되어 동물병원에 많이 내원하게 되므로 동물보건사로서 세심한 핸들링과 관리가 필요하다. 활력과 대사가 떨어져 같은 양을 먹어도 살이 찌는 경우가 많아 노령견 전용의 음식을 급여하는 것이 좋다.

이 시기의 개에게 이전과 다른 행동의 변화가 있을 시 보통은 신체적 건강 문제가 발생했을 경우가 많지만 치매 등과 같은 정신적 퇴행 문제(Cognitive Degenerative Syndrome, CDS, 퇴행성 인지장애)가 진행되고 있는 가능성도 있다. 따라서 원인을 진단해 해결하기 위해 반드시 동물병원에 내원해야 한다. 일례로 갑자기 잘 가리던 배뇨, 배변을 못 가리는 노령견이 내원했다면 신장, 방광 등의 기관이나 호르몬 등의 기능 이상이 발견될 수도 있고, 관절염 등으로 인한 통증, 불편감으로 인해 화장실에 접근하

그림 34 안구, 피부, 심장 관리를 하고 있는 노령견

지 못하거나, 시력 문제로 화장실을 못 찾고 있을 수도 있다. 행동 변화를 유발할 가능성이 있는 모든 신체적 문제가 진료를 통해 모두 배제, 혹은 해결되었음에도 여전히 화장실을 못 가린다면 정신적 퇴행 문제를 의심해 볼 수 있고 약물이나 보조제를 통해 인지 기능의 퇴화 속도를 늦춰야 할 수도 있다. 사람에서와 마찬가지로 치매와 같은 신경계의 퇴행은 치료할 수 없으며, 단지 퇴행의 속도를 늦추고 관리할 수밖에 없어 보호자의 많은 인내와 관심이 필요하다. 관련 약물과 보조제, 식이가 중요하며, 행동학적으로도 적절한 자극을 제공하고 새로운 행동을 교육하고 다양한 경험을 하도록 유도하는 것이 퇴행의 진행을 늦추는 데에 도움이 된다고 알려져 있다.

2 고양이의 발달 과정

신생아기	전이시기	사회화시기	청소년시기	성견	노령묘
생후 0-2주	생후 2-3주	생후 3-7주	7주-성성숙 전후	성성숙 이후	7년령 이후

(1) 신생아기(neonatal period)

개에서와 마찬가지로 신생 고양이 역시 눈과 귀가 닫혀 있고, 체온 유지, 식사, 배

그림 35 구조되어 동물병원에 내원한 신생아 시기의 새끼 고양이. 어미와 떨어져 구조되는 어린 고양이들은 대체로 허약하고 심각한 부상이나 전염성 질환이 있는 경우가 많아 폐사할 가능성이 높기 때문에 치료와 케어에 특별한 주의가 필요하다.

뇨, 배변 등의 모든 생명 활동을 어미 고양이에게 의존하는 시기이다. 포유동물로서 젖빨기 반사(rooting reflex)를 보이며 앞발로 어미 고양이의 유선을 눌러 자극해 젖 분비를 원활하게 하는 행동을 보이는데, 이 행동은 소위 '꾹꾹이' 라고 불리며, 성묘가 되어서도 보호자나 다른 고양이를 향한 애정 표현의 일종으로 남아있는 경우도 있다. 어미 고양이들은 종종 작은 사회를 이루고 새끼를 공동 양육하는 경우도 있다(8장 참고).

고양이는 계절번식을 하는 동물로 우리나라에서는 주로 초봄에 번식이 이루어지고 있다(p.144, 7장, (2) 고양이의 성 행동). 따라서 이 시기에 새끼 고양이들이 다수 구조되어 동물병원에 내원하는 경우가 많다. 길고양이(feral cat, 집에서 키워지지 않는 고양이)의 경우, 어미 고양이가 사냥을 하고 영역을 탐색하기 위해 새끼들을 숨기고 이동하고 일정 시간 간격으로 새끼들에게 돌아와 젖을 먹이고 돌보는 행동을 보인다. 따라서 동떨어진 새끼 고양이를 발견하여 구조할 시, 어미 고양이와 의도적으로 떨어뜨려 갑작스럽게 고아로 만드는 경우가 생긴다. 따라서 새끼 고양이를 발견했다면 전체적으로 깨끗한 상태인지, 어미 고양이가 찾아오는지, 멀리 떨어져서 하루 이틀 정도 지켜보아야 하고 손을 태우거나 하지 않아야 한다. 발견한 새끼 고양이가 위험한 장소에 방치 혹은 고립되어 있고, 지저분하고 야위었다면 어미 고양이가 돌보지 않고 떠났을 가능성이 높으므로, 이러할 경우에는 바로 구조를 결정할 수도 있다. 이 시기 구조된 어린 고양이는 심각한 질환이나 외상이 있거나, 혹은 매우 허약한 상태일 가능성이 높아 치료와 관리에 주의해야 한다.

구조된 신생 시기의 고양이는 외상이나 질환을 치료함과 동시에 어미 고양이가 해주는 행동을 모방하여 케어한다. 아주 짧은 간격의 시간마다 입 크기에 맞는 전용

젖꼭지를 이용해 고양이 전용 분유를 알맞은 온도로 데워서 급여하고, 엉덩이 부분을 따뜻한 수건으로 비벼 배뇨, 배변을 유도한다.

(2) 전이 시기(transitional period)

신생아 시기와 사회화 시기의 아주 짧은 시기이다. 생후 10여 일 전후로 눈과 귀가 열려 외부 환경을 탐색할 수 있게 된다. 또한 팔다리에 힘이 생겨 조금씩 기어다니는 행동을 보인다.

(3) 사회화 시기(socialization period)

개에서와 마찬가지로 신체적, 정신적 성숙이 가장 빠른 시기이다. 유치가 나면서 4주령 전후로 이유가 시작되는데 야생의 어미고양이는 작은 쥐나 새 등을 잡아와 새끼 고양이에게 급여하고 사냥하는 연습을 시키기도 한다. 사람이 케어할 때는 새끼고양이 전용 사료를 급여한다. 또한 고양이는 본능적으로 모래나 흙에서 배뇨, 배변을 하므로 적절한 화장실을 구비해 주면 스스로 정해진 장소에서 배뇨, 배변을 하기 시작한다(간혹 드물지만 아주 어린 시기에 구조된 고양이의 경우 모래 화장실을 쓰지 않는 경우가 있어, 고양이가 흙이나 모래에 배뇨, 배변하는 것이 후천적 학습의 결과라는 견해도 있다).

행동학적으로는 개에서와 마찬가지로 동종 동물과 사람과의 관계를 형성하는 중요한 시기이다. 특히 6주령 전후는 어미, 형제 고양이들뿐 아니라 사람과의 사회적 관계가 형성되는 매우 중요한 시기로 연구되어 있으며, 이 시기 사람과 긍정적인 경험을 하지 못했을 경우 경우에 따라 평생 사람과 친화되기 힘들다고 한다.

그림 36 사회화 시기에 구조된 어린 고양이들

그림 37 함께 구조된 어린 고양이들이 함께 휴식을 취하고 있다. 고양이들은 몸을 붙이는 행동으로 사회적 유대를 표현한다.

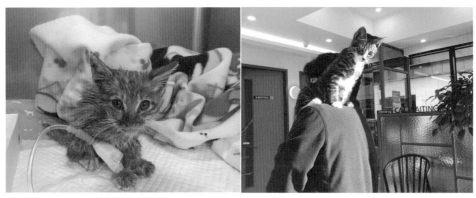

그림 38 입원 관리 중인 구조된 어린 고양이 (좌)
그림 39 사회화 시기의 어린 고양이를 동물보건사가 놀아주고 있다. (우)

동물병원에 내원하여 예방접종이 이루어지는 시기와 완전하게 동일한 시기로 대부분의 고양이들은 이 시기에 동물병원에서 불편한 경험을 하게 되어, 이후 동물병원에 내원할 때 극심한 불안과 스트레스를 겪는 경우가 많다. 이 시기에 질환, 외상 등으로 동물병원에서 치료와 케어가 이루어져야 하는 어린 고양이들 역시 마찬가지이다. 따라서 이러한 시기의 고양이가 동물병원에 내원한다면 최대한의 부드러운 보정과 세심한 관리가 필요하다.

놀이행동이 활발한 시기로 이 시기의 고양이는 어미 고양이, 형제 고양이들과 놀면서 고양이 사회에서의 교류 방법을 배울 뿐 아니라 사냥에 필요한 행동을 학습하기도 한다. 사람과의 놀이 행동 역시 성묘 이후 고양이의 삶에서 중요하다. 어린 고양이의 놀이 행동은 사냥행동과 유사하게 움직이는 물체를 쫓거나 잡거나 무는 행동을 포

그림 40 고양이를 낚싯대 장난감으로 놀아주고 있다. 사냥감과 비슷한 행동을 모방하여 낚싯대를 움직여 주는 것이 놀이에 대한 흥미를 높여준다.

그림 41 성견과 놀고 있는 어린 고양이. 사회화 시기에 개들과 긍정적인 관계를 형성했던 고양이는 이후 성묘가 되어서도 개들과 우호적인 관계를 형성할 수 있는 가능성이 높다. 단, 개와 고양이는 놀이 행동의 패턴이 달라 서로에게 부상을 입힐 가능성이 있어 주의가 필요하다.

그림 42 다양한 환경과 놀이를 제공하며 긍정적인 경험을 유도한다. 이는 사회화 시기의 고양이에서 뿐만이 아니라 고양이의 전 생애에서 중요하다.

그림 43 어린 고양이가 발톱 손질을 받고 있다. 일상적인 케어가 두려움과 혐오로 받아들여지지 않도록 천천히 진행하는 것이 좋다.

그림 44 어릴 때부터 꾸준한 크레이트 트레이닝이 진행되어 보다 편안한 이동이 가능해진 성묘

함하는데, 이러한 행동들은 종종 사람에게 심각한 부상을 야기할 수 있어 반드시 낚싯대 장난감 등 사람과 고양이 사이의 매개물을 통해 놀아주는 것이 좋다.

또한 이동을 위한 크레이트 교육이 필요할 수 있으며 목욕, 양치, 발톱 손질, 귀청소, 빗질 등 일상적인 케어에 익숙해지도록 이 시기에 충분히 연습하는 것이 좋다. 억지로 잡고 케어를 하는 것은 부정적인 경험으로 기억되어 이후 케어에 불안과 스트레스가 높을 수 있어 부드럽고 천천히, 간식 등 적절한 보상을 주어가며 시행한다. 교육과 트레이닝과 관련된 내용은 4장에서 다룬다.

고양이과 동물은 높은 곳에서 거꾸로 떨어뜨려도 네 발로 착지하는 정좌반사, 정향반사(righting reflex)를 보이는데 고양이에서는 보통 4~6주령 이 행동이 발달하게 된다. 이 행동은 고양이과 특유의 유연한 척추뼈가 공중에 떠있는 동안 180도 회전할 수 있고, 다리의 관절들이 유연하여 높은 곳에서 떨어졌을 때의 충격을 용수철처럼 흡수

그림 45 항상 낙상에 주의해야 한다.

할 수 있기 때문에 가능하다. 이 행동을 위해서는 떨어질 때 일정한 높이가 필요한데, 높이가 충분하지 않으면 몸을 회전시킬 시간이 부족하여 네 다리로 착지할 수 없게 된다. 많은 고양이들이 종종 캣타워에서 떨어져 골절 등 심각한 부상을 입는데 캣타워의 높이가 이 반사가 일어날 수 있을 만큼 충분하지 않기 때문이다.

(4) 청소년 시기(Juvenile period/adulthood)

개에서와 마찬가지로 고양이 역시 유기, 학대, 파양 등이 가장 많이 이루어지는 시기로 성성숙 시기와 맞물려 크기가 커지고 다양한 행동이 발달하는 시기이다. 중성화 수술 역시 이 시기에 이루어지는 경우가 많다. 고양이에서 중성화 수술은 특히 중요한데 발정기 특유의 행동이 두드러지며 스트레스를 많이 받기 때문이다. 고양이의 성행동은 7장에서 다룬다.

(5) 성묘 시기

고양이는 개보다 성장과 발달이 빠른 편으로 생후 1년령 이후를 성체로 간주한다. 개체별로 다르지만 대체로 나이가 들어감에 따라 놀이 행동에 대한 관심과 활동성이 줄어들고 형성된 행동이 잘 바뀌지 않는 경향이 있다. 그러나 여전히 놀이 행동을 통해 다른 개체, 사람과 유대 관계를 지속하는 것이 좋다.

또한 고양이는 흔하게 퍼진 사회적 통념과는 달리 매우 사회적인 동물로 다른 고양이, 사람과 잘 형성된 유대 관계는 고양이의 삶의 질에 영향을 크게 미칠 수 있다. 따라서 여러 마리의 고양이를 반려할 경우 고양이들간의 사회적 관계에 주의를 기울여야 한다. 고양이가 유대를 표현하는 행동에는 서로 몸을 붙이고 있거나 서로 핥아주

그림 46 우호적인 관계를 형성한 성묘들

그림 47 은신처, 수직 공간, 숨거나 몸을 끼워 넣을 수 있는 등 다양한 환경을 조성해 준다. 이러한 풍부한 환경은 동물이 선택할 수 있는 행동의 범위를 넓게 함으로써 궁극적으로 동물의 삶의 질을 향상시킬 수 있다.

그림 48 바람직한 고양이 화장실. 조용하고 아늑한 장소에 마련되어 있으며, 고양이의 크기보다 충분히 큰 사이즈, 뚜껑이 없이 오픈된 구조로, 고운 모래가 잘 청소된 상태로 준비되어 있다. 이 고양이는 이 화장실을 잘 사용하고 있으며 화장실 관련하여 신체적, 행동학적인 문제가 발생한 적이 없다.

는 행동(allo-grooming), 함께 잠을 자는 행동 등이 포함된다. 관련된 내용은 3장과 5장을 참고한다.

이사, 가족 구성원의 변화, 새로운 고양이의 출현 혹은 기존 고양이의 부재 등 고양이 스스로가 선택할 수 없고 대비할 수 없는 갑작스러운 변화는 고양이에게 스트레스를 유발하며, 이는 신체적인 질병으로 나타날 수 있다. 특히 비뇨생식기계의 문제가 발생하는 경우가 흔하기 때문에 화장실의 관리가 고양이의 삶의 질에 중요한 영향을 미친다.

고양이의 화장실은 항상 깨끗하게 유지되어야 하며 충분히 넓어야 한다. 모래의 종류나 질도 매우 중요한데 고양이에 따라서 모래가 부적절하다고 생각되며 다른 장소를 화장실로 정하거나, 비뇨생식기계 문제를 야기할 수 있어 선호하는 모래를 잘 갖추어 주어야 한다. 또한 소음과 진동이 없고 주 생활공간에서 떨어진 장소에 조성해 두는 것이 좋다.

여러 마리의 고양이들을 케어할 경우 <u>고양이 수보다 많은 화장실이 각기 다른 장소에 준비되어야 한다</u>(보통 고양이 수보다 1개 더 많은 화장실을 준비해 주어야 한다고 한다). 고양이이들 간의 사회적 관계로 인해 특정 고양이들이 화장실을 독점하거나 배제되는 경우도 많고 피해를 입는 고양이들이 생기기 때문이다.

그 외 고양이에게 스트레스를 유발할 변화가 피할 수 없는 과정이라면 수의사와의 상의하에 약물 처방을 받을 수도 있다. 일례로 동물병원에 내원하기 전에 항불안제를 복용시킬 경우, 고양이가 겪는 스트레스와 불안의 정도를 현저히 낮추어 진료와 케어의 질을 상승시킬 수 있다.

(6) 노령묘, 노묘 시기

고양이에서도 7년령 이후는 노령묘로 간주한다. 신체적, 정신적 퇴행이 진행되며, 다양한 질환을 겪을 수 있어 정기적인 검진이 필수이다. 특히 이전에 보이지 않던 행동을 보이거나, 식욕이 변화하는 등 행동하는 양상에 변화가 있을 경우, 1차적으로 건강 문제가 발생했거나 진행 중일 가능성이 매우 높다. 일례로 행동 치료 동물병원에 화장실을 갑자기 잘 가리지 못해 치매가 의심된다고 내원한 14살의 노령묘는 신체 검진 결과 신부전이 진행되고 있었으며 의료적 관리를 통해 신부전 수치가 일부 떨어지면서 화장실 문제가 개선되었다. 건강 문제가 배제되었을 때에도 여전히 행동 변화가 있을 경우 정신적 퇴행의 가능성을 생각해 볼 수 있으나 임상적으로 드물다(참고로 고양이에서는 치매 등 정신적 퇴행에 대한 연구가 거의 진행된 바가 없으며 관련 치료나 관리와 관련된 참고 자료도 전무한 상태이다).

CHAPTER

3

동물의 의사소통
(Communication)

- 동물의 비언어적인 시각적, 청각적, 후각적 의사소통 방식을 이해한다.
- 동물의 의사를 행동을 통해 파악할 수 있다.
- 동물의 의사를 예측함으로써 동물의 니즈를 파악하고 수의학적 처치
  와 케어를 보다 안전하고 효율적으로 수행할 수 있다.

3 동물의 의사소통(Communication)

　　동물은 사람이 사용하는 언어를 사용하지 않고 각 종마다의 고유한 시각적, 청각적, 후각적 신호를 사용하는 의사소통 체계를 발달시켰다. 이 때문에 행동을 의사소통 체계라고 정의하는 경우도 있다.

　　시각적 의사소통은 얼굴의 표정, 몸의 자세, 꼬리의 움직임 등의 몸짓 언어(body language)를 통해 이루어진다. 개와 고양이에서 중요한 의사소통 방식으로 '말'이라는 청각적 의사소통에 익숙한 사람이 이 동물들의 의사를 이해하기 위해서는 이 몸짓 언어에 주의를 기울여야 한다.

　　청각적 의사소통은 짖거나 야옹거리는 등의 음성을 이용하는 것을 의미한다. 동물은 사람보다 가청 범위가 넓고 청각이 더 발달한 것이 보편적이고, 설치류 등의 동물에서는 사람이 듣지 못하는 초음파 등으로 의사소통을 하는 경우도 있다. 또한 토끼가 뒷다리로 바닥을 치는 스톰핑(stomping)이라는 행동에서 볼 수 있듯이 음성 신호 외 주변의 물리적 소리 역시 의사소통에 이용하기도 한다.

　　후각 역시 대부분의 동물이 사람보다 발달해 있으며 중요한 의사소통 수단이다. 오줌, 변, 타액, 피지선 분비물 등을 주변에 묻히고 다니는 마킹 행동(marking behavior)은 후각 정보를 통해 의사소통을 하는 중요한 행동 중 하나이다. 후각적 의사소통은 수신자와 발신자가 꼭 동일한 장소와 시간에 있지 않아도 되기 때문에 사람에서 편지 등을 통한 원격 의사소통에 비유되기도 한다. 개는 특히나 발달된 후각을 가지고 있어 탐지 등의 사역을 수행하기도 한다.

　　또한 종에 따라 서비기관(vomeronarsal organ)을 통해 페로몬(pheromone)이라는 동물의 체외로 분비되는 특이한 냄새 입자를 맡는 것으로 의사소통이 이루어지기도 한다. 서비기관이 입 천장과 코 사이에 있기 때문에 페로몬을 맡기 위해서는 입을 벌리는 특이한 행동을 해야 하는데 이 행동을 플레멘 행동(flehmen behavior)이라고 한다.

그림 49 말에서의 플레멘 행동(flehmen behavior). 주로 번식기 상대 성별의 페로몬을 맡기 위한 목적으로 번식기에 보다 자주 활발하게 관찰된다.

그림 50 스킨십은 사람과 반려동물 사이의 사회적 유대 관계에서 매우 중요하다.

그림 51 보호자들은 반려동물의 눈빛만 봐도 무엇을 원하는지 알 수 있다고 한다. 과학적으로 증명되지 않은 많은 비언어적 행동들이 이 의사소통에 영향을 미치고 있는 것으로 추측된다. 동물 역시 어느 정도는 보호자의 의도를 예측하고 파악할 수 있으며 그에 알맞은 행동을 보일 수 있는 것으로 생각된다.

개과 고양이에서도 플레멘 행동이 관찰되고 페로몬을 맡을 수 있기 때문에 페로몬을 이용한 행동 관리 제품들이 다양하게 출시되기도 한다.

촉각 역시 중요한 의사소통 수단인데 토끼나 고양이 등의 사회적 동물에서는 스킨십이 유대를 나타내기도 한다. 개 역시 개체에 따라 몸을 부딪치거나 몸을 대고 있는 등의 신체 접촉을 통해 유대를 표현하고 친교를 한다. 이 신체적 접촉은 사람과 개, 사람과 고양이와의 관계에서도 중요한 역할을 한다.

동종 간의 의사소통이 일반적이지만 다른 종 사이에서도 의사소통이 이루어진다. 개, 고양이와 사람이 서로 행동을 통해 이해할 수 있는 것은 이 때문이다.

1 개의 의사소통

(1) 개의 감각

개는 시력 자체는 사람보다 떨어져 근시라고 연구되어 있다. 그 대신 빛이 적을 때 사냥에 유리하도록 잘 발달된 안구 뒤편의 반사판(tapetum)을 통해 빛을 모아 야간 시력을 확보했다. 또한 움직이고 있는 물체를 파악하는 동체 시력이 뛰어나다. 최근의 연구들에 따르면 개는 형광등이나 모니터 화면의 빠른 깜빡거림(플리커 현상, flicker)을 볼 수 있다고 한다. 상대적으로 색을 구별하는 능력은 떨어지는데 파랑과 노랑을 구별할 수 있지만 빨강을 구분하지 못한다고 한다.

개는 시력이 잘 발달한 동물은 아니지만 시각적 정보에 상당히 의존한다. 멀리 있는 보호자를 금세 알아보거나 비슷한 체구의 사람을 보호자로 착각하는 경우가 흔히 있는데, 이는 대상을 인식하는 데에 있어 시각 정보에 많은 부분 의존한다는 것을 보여준다. 몸의 자세나 높이, 움직임, 얼굴 표정, 꼬리와 귀의 위치, 시선 등을 통해 시각적 의사소통이 이루어진다. 최근의 연구들에서는 개들이 사람의 얼굴을 인식하고 그 표정 또한 인식할 수 있다는 것이 밝혀졌고, 심지어 자신과 같은 종의 개의 얼굴을 알아본다는 연구들도 있다. 간혹 털이 길어 얼굴이 가려지는 견종들의 경우 얼굴 표정을 다른 개들이 알아보기 힘들기 때문에 싸움이 더 많이 발생한다는 견해도 있다.

개의 청력은 매우 발달되어 있고 가청 범위가 15,000 − 60,000Hz로 들을 수 있는

그림 52 발달된 후각을 이용해 마약 탐지 트레이닝을 받고 있는 어린 비글. 비글 품종은 후각 능력이 뛰어나 탐지 사역에 적합하다.

소리의 파장이 매우 넓은 것으로 연구되어 있다(사람의 가청범위는 20~20,000Hz라고 한다). 또한 귀를 움직일 수 있어 이를 통해 소리의 진원지를 확인할 수 있다.

후각 역시 매우 발달되어 있는데 후각 기능의 정도를 수용체 개수로 본다면 개가 200~300만 개를 가지고 있고 후각 능력이 특히 뛰어난 견종들의 경우 3억개를 가지고 있기도 한다고 한다(고양이 200만개, 사람 100만개). 최근의 연구에서는 개는 코와 후두엽, 시각 피질 사이의 긴밀한 연결을 통해 실제로 후각을 통해 시각을 구현한다고 한다(Andrews, Erica F., et al. "Extensive connections of the canine olfactory pathway revealed by tractography and dissection." Journal of Neuroscience 42.33 (2022): 6392−6407).

미각의 경우 사람과 비슷한 조성의 미뢰를 가지고 있으나 그 수가 사람에 비해 적어 사람만큼 맛을 예민하게 느끼지 못한다. 대신 쓴 맛과 고기 관련 화합물의 맛에 특화되어 있다. 반려견이 식이를 가리거나 편식하는 것은 맛보다는 냄새, 질감에 더 예민한 경우일 수 있다.

* 개, 고양이에서의 입맛은 태아 시기 어미의 식이, 어린 시기(특히 사회화 시기)에 접하는 식이와 밀접한 영향이 있다고 알려져 있다. 사회화 시기에(특히 질환이 있을 때 처방될 수 있는 식이를 포함한), 다양한 식이를 접하게 할 경우 새로운 음식에 대한 수용력이 더 좋아질 수 있다고 한다. 예측할 수 없는 선천적인 영향으로 식이에 대한 수용력이 적은 경우도 있을 수 있다.

[2] 시각적 의사소통

얼굴 표정, 귀, 입술의 모양 등은 시각적 의사소통에 중요하다.

동물은 대체로 눈썹이 발달하지 않았고, 유일하게 사람이 눈썹을 통해 표정을 만들고 이를 통해 의사소통을 한다고 알려져 있다. 그러나 개는 눈썹은 없지만 눈 위쪽

그림 53 개의 다양한 표정. 귀, 눈 위쪽의 근육, 입꼬리나 입의 모양 등으로 개가 어떤 의미를 전달하고 있는지를 유추해 볼 수 있다. 첫 번째 사진은 비교적 중립적인 상태로 원래 형태를 크게 벗어나지 않고 자연스럽게 놓인 귀와 이완된 눈썹과 입 꼬리, 편안한 시선을 확인할 수 있다. 두 번째 사진은 좀 더 뚜렷한 시선 맞춤, 이완되어 올라간 입 꼬리 등으로 보아 즐거움을 나타내고 있다고 볼 수 있다. 세 번째 사진은 일그러진 입 주변과 송곳니만을 내놓은 채 말려 올라간 입술과 상대적으로 다물어진 입 꼬리, 긴장된 시선, 쳐진 원래 형태에 국한되어 있기는 하지만 비교적 앞으로 향한 귀를 통해 공격적인 신호를 나타내고 있음을 알 수 있다. 네 번째 사진은 뒤로 누운 귀, 쳐진 눈꼬리, 길게 찢어진 입 꼬리, 직접적이지 않은 시선 처리 등으로 보아 두려움이나 불안을 나타내고 있음을 유추해 볼 수 있다.

의 근육을 움직여 다양한 표정을 만들 수 있다. 사람이 보았을 때 불쌍하게 느껴지는 표정을 짓는 것이 대표적이다.

입꼬리를 올리는 것은 즐거움과 흥분을 표현하는 방식 중 하나이다. 사람이 보았을 때 웃는 표정인 경우 입꼬리가 위로 올라가 있고 혀가 나와 있는 것을 알 수 있다. 물론 날이 더울 때 체온을 내리기 위해 헉헉거릴 때도 유사한 표정을 짓게 되므로 더운 날 즐거워 보인다고 무리해서 야외 활동을 하는 것은 지양해야 한다(체온을 내리기 위해 혀가 바깥으로 많이 나와있고, 입꼬리가 더 많이 찢어져 있다). 입꼬리가 옆으로 길게 찢어지는 것은 보통 방어적인 표정이다. 혀를 날름거리는 행동은 불안이나 스트레스를 해소하는 행동으로 카밍 시그널(calming signal)로 알려진 긴장 완화 행동의 일종이다.

그림 54 웃는 것처럼 보이는 개의 표정. 더운 날씨가 아니며 더위에 대응하여 팬팅(panting)하고 있는 것이 아닌 순전한 즐거움을 표현하고 있다.(좌)
그림 55 개들 사이에서의 시선 회피(우)

그림 56 사람과 눈을 마주치고 있는 개. 보호자와 유대가 잘 형성된 개들은 사람은 눈을 맞추는 것이 호의의 표현이라는 것을 알고 있다고 본다. 이러한 경우 눈맞춤이 반드시 사람에 대한 도전적인 의미를 가진다고는 할 수 없다. 그러나 유대가 형성되지 않은 낯선 개와 눈을 맞추는 것은 주의가 필요하다. 산책하는 타인의 반려견에게 눈을 마주치며 다가가는 것은 개의 방어적인 공격성을 유발할 수 있는 위험한 요인이 될 수 있다.

드물지만 도전적인 공격성(dominant aggression)을 보이는 개의 경우 입을 다물고 있거나, 송곳니만 살짝 보이게 입술을 말아 올린다.

시선 역시 중요한 의사소통 방식인데 개들 사이에서 눈을 직접적으로 마주하는 것은 도전적으로 간주된다. 따라서 개 두 마리가 서로 마주친다면 시선을 피하는 것으로 서로에 대한 긴장감을 낮춘다. 사람이 낯선 개와 눈을 똑바로 맞춘다면 개는 불안해 할 수 있으며, 종종 직접적인 공격을 통해 스스로를 방어하려고 할 수도 있다. 그러나 개체에 따라 유대가 잘 형성된 사람에게는 눈맞춤을 하기도 하는데, 이는 사람의 의사소통 방식이 눈을 마주하는 것이고 일부의 개들은 이것을 사람과의 유대와 친교를 위해 후천적으로 학습했다고 본다.

꼬리도 중요한 의사소통의 수단이다 꼬리를 위로 거의 수직을 향할 정도로 들고 있는 것은 보통 자신감, 도전적인 의미이며 그 상태에서 꼬리를 천천히 흔들 경우 보통 위협, 공격할 의사를 나타낸다. 보통 사람의 입장에서는 꼬리를 흔드는 행동이 반가워서 흔든다고 생각하는 경우가 매우 많아 섣부르게 이러한 개에게 다가가거나 쓰다듬으려고 하다가 공격당하는 경우도 발생할 수 있다.

* 고양이의 경우 꼬리를 높이 든 상태는 보통 인사를 의미한다. 개의 꼬리 언어와 반대의 의미를 지녀 서로 커뮤니케이션에 오해가 발생한다고도 한다.

반대로 꼬리를 아래로 내리거나 말아 넣는 것은 공포, 불안으로 기인한 방어적인 의미를 가지고 있다.

몸의 자세 역시 시각적 의사소통에 중요하다. 몸의 자세가 높고 무게 중심이 앞으로 쏠려 있을수록 자신감, 도전적인 의미이고, 몸의 자세가 낮을수록 공포, 방어적인 의미를 가지고 있다.

개를 비롯해 많은 동물이 배를 보이는 행동은 어떤 경우에는 극도로 두려운 상대를 향한 복종의 의미이기도 하다. 배 부분은 대체로 공격받을 가능성이 높기 때문에 상대가 안전한 존재임을 확신한 경우에만 가능하며 공격하지 말아달라는 요청의 의미

그림 57 꼬리와 자세를 통한 의사소통. 첫 번째 사진은 중립적인 상태로 편안하게 내려간 꼬리 (품종에 따라 말려 올라간 꼬리가 편안한 상태일 수도 있다)와 앞으로도 뒤로도 치우치지 않은 무게 중심과 자신의 신장과 비슷한 몸 높이를 확인할 수 있다. 두 번째 사진은 내려가 숨겨진 꼬리, 뒤쪽으로 치우친 무게 중심, 낮은 몸 높이를 통해 불안과 두려움을 표현하고 있음을 예측할 수 있다. 얼굴 표정 또한 빗겨보는 듯한 시선, 길게 찢어진 입꼬리, 뒤로 넘어간 귀 등에서 같은 감정을 표현하고 있음을 유추할 수 있다.

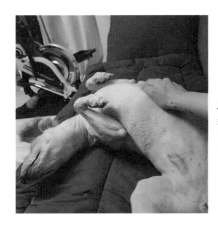

그림 58 유대가 형성된 반려견이 배를 보이는 것은 스킨십을 요구하는 일종의 애정 행동에 가깝다.

그림 59 플레이보우(play bow)는 놀이를 요청하는 행동이다.

를 가지기도 한다(달래는 행동, appeasing behavior). 혹은 상대와의 유대가 형성되어 놀이나 쓰다듬을 요구하는 일종의 애정 행동으로 볼 수도 있다.

같은 행동이 여러 가지 상황에서 서로 다른 의미를 가지는 경우가 많아 동물의 의도를 파악하기 위해서는 동물의 전체적인 행동 정보를 종합해야 한다.

또한 개에서는 놀이를 요구하는 특징적인 자세가 있는데 이를 플레잉보우(playing bow)라고 한다. 이 자세는 몸의 앞부분은 낮추고 뒷부분은 높이는 자세로 마치 절하는 것처럼 보인다고 해서 이러한 용어가 붙여졌다. 이때의 개의 표정은 보통 입을 많이 벌리고 입꼬리가 올라가 있으며 혀를 많이 보여 긍정적인 흥분을 나타낸다. 꼬리는 높이 올라가거나 아래로 쳐진 채로 많이 흔든다.

품종에 따라서 상대 개에게 좀 더 도전적으로 인식되는 경우도 있다. 귀가 올라간 견종, 꼬리가 올라간 견종, 어깨가 넓고 벌어져서 무게 중심이 조금 더 앞쪽으로 쏠려 보이는 견종 등 시각적 의사소통의 도구들이 태생적으로 도전적인 의도를 가진 것처럼 생긴 견종들에서 종종 개들 간의 오해가 발생하는 경우가 있다. 또한 얼굴에 털이

그림 60 생김새와 자세 자체가 상대 개에게 도전적으로 인식될 가능성이 있는 개.

그림 61 개들이 보이는 자세와 표정으로 개들의 상황과 관계를 추론해 볼 수 있다.

	좌측 개	우측 개
귀	뒤로 넘어가 있다.	앞을 향해 서있다.
입	입꼬리가 옆으로 길게 늘어지고 혀를 날름거린다(상대를 진정시키고자 하는 의미인 카밍 시그널(calming signal), appeasing behavior의 일종이다)	사진상으로는 입을 다물고 있으나, 영상을 확인하면 윗입술을 살짝 말아 올려 송곳니를 노출시키고 있으며 간헐적으로 으르렁거리고 있다.
시선	눈을 거의 감은 채로 직접적으로 시선을 마주치는 것을 회피하고 있다.	똑바로 상대를 향하고 있다.
무게중심	뒤쪽	앞쪽
자세 높이	낮다	높다
꼬리	다리 사이에 말려들어가 있다.	위로 똑바로 서있고 영상으로는 아주 느린 속도로 흔들고 있다.
상황	이 두 마리의 개는 경쟁 관계이다. 사회적 순위, 즉 서열이 낮은 좌측 개는 공격을 회피하기 위해서 시선을 피하고 자세를 낮추는 방어적인 자세를 취하고 있다. 우측 개는 스스로의 높은 사회적 순위를 상대에게 표현하기 위해 상대 개를 코너에 밀어넣고 도전적인 자세를 취하고 있다. 이 사진은 개들 사이의 싸움(우측 개가 좌측 개를 공격할 가능성이 높다)이 발생하기 직전의 긴장 상황으로 보호자의 적절한 개입으로 상황은 해소되었다. 사회적 순위와 관련된 내용은 5장에서 자세하게 다룬다.	

수북하여 표정이 잘 보이지 않는 견종들을 대할 때 개들이 의사소통을 어려워 한다는 견해도 있다.

시각적 의사소통을 위한 행동을 이해하는 것은 특히 공격성을 보이는 개에서 중요할 수 있다. 공격성을 관리하기 위해서는 공격 행동을 보일 수 있는 원인을 파악하는 것이 1순위인데 행동을 통해 공격 행동의 의도를 파악할 수 있다면 관리가 조금 더 용이해지기 때문이다. 공격성을 보이는 개가 있을 때 진짜로 이 개가 물고 공격하려는 의도가 있는지, 단지 위협을 하고 스스로를 방어하며 자신의 불안과 공포를 드러내려는 의도가 있는지를 행동을 통해 구별할 수 있다. 앞의 그림과 설명을 참고한다.

[3] 청각적 의사소통

소리를 통한 의사소통은 개들 사이에서도 중요한 신호이며, 사람에게도 직접적으로 영향을 줄 수 있다.

하울링(howling)은 늑대처럼 길게 늘어지는 소리로 울부짖는 음성 신호를 의미한다. 늑대에서의 하울링은 먼 거리에 있는 무리의 일원들과 의사소통 하는 수단이라고 여겨지고 있으나 아직 잠재적인 다른 기능들에 대해서는 밝혀지지 않았다. 보통 한 마리가 하울링을 시작하면 여러 마리가 함께 하울링을 하는 것으로 보아, 그룹의 소속과 협력을 유도하고 유대를 나타내는 것으로 생각되기도 한다. 개에서도 역시 비슷한 의미로 생각되고 있다. 그러나 개들이 하울링을 하는 상황에는 먼 거리에 보호자가 있거나 고립되어 있을 때가 많으며, 주위에 사이렌 소리나 노래 소리 등 하울링과 비슷한 소리가 있을 때 하기도 한다. 간혹 하울링을 평생 보이지 않는 개들도 있다. 이를 통해 개에서는 하울링이 의사소통의 중요한 의미가 있다기보다는 고립에 대한 불안 혹은

그림 62 하울링 하는 개

다른 소리에 대한 반응으로써 나타나는 경우가 많다고 생각되기도 한다.

끙끙거리는 소리(whining/whimpering)는 상대의 관심을 끄는 목적이 있거나, 통증, 고통, 스트레스 등을 표현하기도 한다.

으르렁 거리는 소리(growling)는 상대를 위협하는 목적이 크지만, 종종 과격한 놀이 행동을 할 때 확인되기도 한다.

짖음(barking)은 늑대에서는 새끼에서만 보이고 성체에서는 경고 등의 목적 이외에는 거의 보이지 않는 발성이다. 반면 개에서는 매우 잘 발달된 의사소통 수단이고 다양한 의미를 지닌다. 여러 연구들에서는 개의 짖는 소리에 인간이 가장 잘 반응하기 때문에 개가 인간과의 의사소통 수단으로서 선택적으로 더 발달시킨 방식이라고 주장하기도 한다. 경고, 위협 등의 목적이 있기도 하고, 상대의 관심을 끌거나, 놀이를 유도하거나, 놀이 행동 중 흥분했을 때 나타나는 음성 신호이다.

이 소리 신호들은 다양한 상황에서 다른 의사소통 신호들과 결합해서 더 다양한 의미를 가질 수도 있다. 예를 들어 플레이보우(play bow) 자세를 취한 개가 꼬리를 흔들며 짖는다면 이는 경고의 의미라기보다는 놀이를 유도하고 즐거움을 표현한다고 해석할 수 있다.

사람에게 개의 여러 가지 음성 소리를 들려주었을 때 개가 어떤 의도로, 어떤 상황에서 이 소리를 냈는지 추리해내는 실험에서 높은 비율의 사람들이 그 상황을 정확히 파악하는 것을 확인할 수 있었다. 이러한 실험을 통해 개가 사람에게 의사를 전달함에 있어 다른 어떤 신호들보다도 음성 신호가 매우 효율적이었고 개들이 이를 잘 이용하고 있음을 확인할 수 있다. 의외로 개들 사이에서는 청각적인 신호는 주요 의사소통의 방식이 아니며 그 보다는 몸의 자세나 꼬리 등 전체적인 실루엣이나 표정(귀, 입술, 얼굴 근육 등)을 의사소통에 더 많이 이용한다.

(4) 후각적 의사소통

개는 잘 발달된 후각을 가지고 있어 많은 정보를 후각으로부터 얻는다. 피부의 다양한 샘에서부터 냄새와 관련된 여러 가지 물질이 분비되고 있는데 이를 통해 상대에 대한 정보를 파악한다. 우리가 일반적으로 맡을 수 있는 냄새 입자뿐 아니라 페로몬(pheromone)이라고 하는 물질 역시 분비되고 있어 이를 코와 서비기관(vomeronarsal organ)을 통해 직접 뇌의 후각 중추로 전달한다. 특히 항문낭이나 생식기 등 엉덩이 주

그림 63 수컷 사자가 서비기관을 통해 페로몬을 맡고 있다.

그림 64 엉덩이 쪽의 냄새를 통해 처음 본 상대방을 파악하고 있다.

변의 냄새와 페로몬이 개체의 특징을 가장 잘 나타내는 곳으로 알려져 있어 개들끼리 서로를 탐색하고 파악할 때 서로 엉덩이 쪽으로 코를 들이밀어 냄새를 맡는 행동을 보일 수 있다.

마킹 행동(marking behavior)은 몸의 다양한 샘에서 분비되는 후각 물질 및 페로몬 등을 주변 환경에 퍼뜨려 정보를 공유하는 소통 방식을 의미한다. 많은 동물들이 주로 오줌과 분변을 통해 시간적, 공간적 거리가 떨어져 있는 상대에게 정보를 전달한다. 전달되는 정보에 대해서는 연구된 바가 적으나, 성별, 연령, 건강 상태, 발정 주기 등을 주로 전달한다고 알려져 있다. 개에서는 주로 수직으로 솟아 있는 물체에 오줌이나 분변을 남기는 행동이 일반적으로, 성별이나 중성화 여부와는 상관없이 모든 개에서 확인될 수 있다.

마킹 행동은 개들 간의 정상적인 의사소통 방식이긴 하지만 간혹 너무 잦은 마킹 행동을 보이거나 부적절한 장소에서의 마킹 행동이 빈번하게 있을 경우 원인에 따라 불안과 스트레스를 관리해 주어야 하는 경우도 있다. 예를 들어 많은 개가 한 공간에서 관리될 경우, 개들 사회 내의 불안과 긴장감이 상승하고 개들 간에 지나치게 많은 의사

그림 65 수직 공간에 다른 개들이 남긴 흔적을 확인하고 있는 개들

그림 66 바닥의 냄새를 몸에 바르는 행동으로 알려져 있다. 보호자들은 주로 지렁이, 고양이 분변 등에 몸을 비비는 것을 선호하는 것으로 호소한다. 최근의 한 연구에 의하면 특이한 냄새를 무리에 가져가 공유하기 위한 목적으로 몸에 묻힌다고 하며, 선호하는 냄새는 썩은 고기나 다른 동물의 분변이라고 한다.

소통이 필요할 수 있어 마킹 행동이 증가할 수 있다. 또한 한 마리가 마킹 행동을 통해 특정 장소에 자취를 남길 경우, 다른 개들이 뒤따라서 같은 장소에 마킹 행동을 보일 가능성이 높다. 이 역시 소통의 한 방식이라고 생각되고 있으나 타깃이 되는 장소나 물체에 물리적인 손상을 입힐 가능성이 있어, 더 이상의 마킹 행동을 막기 위해서는 남아 있는 흔적을 깨끗하게 제거해야 한다. 단순 탈취제보다는 오줌 성분 자체를 효소를 통해 분해 시켜 냄새가 남아있지 않게 하는 제품을 이용하는 것이 도움이 된다.

그 외에도 주변 환경에서 특정 냄새를 몸에 바르거나 묻게 함으로써 의사소통을 하기도 한다. 많은 개들에서 고양이 등의 다른 동물의 배설물이나 지렁이 등 냄새가 강한 물질 위를 구르거나 파헤쳐 그 냄새를 몸에 입히는 행동을 관찰할 수 있는데 이 역시 후각적인 의사소통을 위한 정상 행동이라고 한다.

(5) 신체 접촉을 통한 의사소통

사회적인 동물은 신체적인 접촉, 즉 스킨십을 통해 유대와 친밀감을 나타내는 경향이 있다. 개 역시 신체 접촉이 중요한 의사소통 방식 중 하나이다. 개들 사이에는 주로 몸을 부딪치거나 엉덩이를 붙이는 등의 행동을 통해 친밀감을 표현한다. 또한 서로의 입을 핥는 행동은 어미 개에게 강아지가 먹이를 달라고 보채는 행동이 남아있는 경우로 일종의 어리광이나 애정을 갈구하는 행동에 가깝다.

인간을 포함한 영장류는 손을 이용해 쓰다듬거나 안는 행동을 강한 친밀감의 표현으로 이용하는데 개에서는 오히려 그 반대로 위협이나 위압을 주는 행동에 가깝다. 개들 간에 발을 몸에 올리거나 하는 행동은 상대에 대한 도전적인 행동으로 받아들여지기 때문이다(개를 안아주는 사람은 개의 입장에서 바라보면 시선은 똑바로 자신을 향해 있어 위협적으로 느껴지고, 상대의 무게 중심이 앞으로 쏠리고, 몸의 높이가 자신보다 높고 심지어 앞발을 어깨에 올리는 것으로 오인되어 위압감을 줄 수 있다). 그러나 개들에 따라 유대가 형성된 사람에 대해서는 머리 쪽을 쓰다듬거나 팔을 몸에 올려 안는 행동을 수용하기도 한다. 그러나 유대가 형성되지 않은 낯선 개에게 이러한 행동을 한다면 상대 개에게 불안과 공포감을 유발할 수 있고, 방어적인 공격성을 보일 수 있으므로 무작정 개를 향해 손을 내밀어 쓰다듬어 주려고 하거나 안으려고 하는 행동은 삼가해야 한다.

* 동물병원에서 마주하는 개들은 불편하고 낯선 환경에서 신체적 통증으로 매우 예민하고 흥분한 상태인 경우가 많아 개를 직접 안아서 들어올리는 행동은 종사자와 개 모두에게 위험할 수 있다. 가급적 개를 보호자에게 안아서 등을 향하게 종사자에게 전달해 달라고 하는 것이 안전하다.

그림 67 사회적 동물들은 친밀감을 가진 대상과 가급적 몸을 붙어 있으려고 한다. 체온을 유지하려는 행동이라고 볼 수도 있지만 그보다는 안전과 유대에 더 큰 목적이 있다.

그림 68 사람이 개와 고양이를 안는 행동은 동물 입장에서는 불편한 행동이지만 사람과의 사회화가 잘 되어 있거나 유대가 형성된 상대에 한해서는 어느 정도 묵인하는 경우도 있다. 사진 속 개는 안아 올려진 상태를 불편해하고 있으며 시선을 돌리고(심지어 감고) 머리의 위치를 최대한 그 상황에서 멀리 하여 이 불편한 상태에서 벗어나려고 하고 있다. 사진 속 고양이 역시 불편감과 당혹감이 표정으로 드러나고 있다.

2 고양이의 의사소통

(1) 고양이의 감각

고양이는 거리를 판별하거나 시야를 가로지르는 움직임에 대한 감각이 뛰어나다고 알려져 있다. 이는 육식동물인 고양이과 동물이 사냥감을 잘 포착하기 위해 진화된 형태이다. 또한 고양이과 동물들은 마치 차의 헤드라이트와 같은 원리의 반사판(tapetum)이라고 하는 구조를 눈에 지니고 있어 어둠 속에서도 사물을 잘 볼 수 있다. 많은 고양이과 동물들이 빛이 적은 저녁이나 새벽에 사냥하는 것을 선호하는데 이는 사냥감들보다 발달한 야간 시각을 통해 사냥을 보다 원활하게 할 수 있기 때문이다.

또한 고양이는 넓은 가청 범위를 가지고 있어 더 높은 음역대의 소리를 들을 수 있다. 이 가청 범위는 작은 설치류들이 내는 소리 범위와 비슷하여 땅 속에 있는 설치류의 위치를 확인하는 데에 유용하다고 한다.

후각은 개보다 발달하지 못한 것으로 알려져 있으나 음식의 냄새에는 예민하여 고양이의 입맛을 좌우하는 중요한 요소로 알려져 있다.

그림 69 반사판에 빛이 모여 빛나는 것처럼 보이는 고양이의 눈

그림 70 고양이의 수염(우)

고양이의 수염은 기능이 정확하게 밝혀지지 않았으나 수염의 감각으로 주변 공기 흐름을 감지할 수 있다고 한다. 또한 수염이 얼굴보다 약간 더 퍼져 있어 얼굴보다 넓은 면적을 가늠하여 통과할 수 있다고 한다.

(2) 시각적 의사소통

고양이 역시 주로 얼굴 표정, 귀, 꼬리, 자세 등 신체 언어를 통해 의사소통을 한다. 고양이의 귀가 옆을 향해 있거나 뒤로 누워있는 것은 공포나 불안감, 스트레스를 나타낸다. 꼬리가 일직선으로 들려 있거나 살짝 흔들거나 끝이 휘어져 있는 것은 인사나 환영을 의미하며 꼬리가 밑으로 내려갈수록 불안과 스트레스를 나타낸다. 꼬리 털

상태		얼굴 표현 눈과 귀의 위치
만족		눈: 좁아지고 깜빡거린다. 귀: 위로 편안하게 올라가 있다.
호기심		눈: 넓게 벌어져서 대상에 고정되어 있다. 귀: 위로 바싹 올라가 있다.
방어		눈: 동공 확장 귀: 밑으로 내려가 있다.
분노		눈: 넓고 확장되어 있다. 귀: 납작하게 눕혀져서 뒤로 밀려있다.

그림 71 고양이 얼굴 표정과 귀의 위치, 꼬리의 위치로 고양이가 전달하고자 하는 의미를 예측할 수 있다. 꼬리를 높게 들어 올리는 것은 반가움, 환영의 의미이며 꼬리가 밑으로 내려갈 경우 방어적인 의미이다. 몸의 자세가 높을수록 자신감, 혹은 과시를 의미하며, 몸의 자세가 낮고 뒤로 무게중심이 쏠려 있을수록 방어적인 의미이다.

그림 72 고양이가 유대가 형성된 보호자의 스킨십에 만족감을 나타내고 있다. 이완된 얼굴 표정과 몸의 자세를 통해 고양이가 편안한 상태임을 유추할 수 있다.

을 부풀려 세우는 것은 상대에 대한 위협이나 공포심을 나타낼 수 있다. 무게중심이 앞을 향해 있으며 털을 부풀리는 등 몸을 크게 보이려고 하는 행동은 상대에 대한 위협을 나타내며 무게중심이 뒤를 향하고 숙인 자세는 공포나 불안, 통증, 스트레스 등을 나타낼 수 있다.

그림 73 고양이가 꼬리를 세우고 끝을 꺾는 것은 상대에 대한 반가움을 나타낸다. 반면 꼬리를 내리고 끝이 꺾여 있는 것은 경계와 위협을 나타낸다.

그림 74 배를 보이며 스킨십을 요구하고 있는 고양이들

(3) 청각적 의사소통

* 고양이의 음성 언어는 한국어로 번역되거나 묘사되기 어려워 원어를 그대로 사용한다.

고양이는 다양한 소리를 통해 의사소통을 한다. 갸르릉거리는 소리(purring)는 만족감, 편안함을 나타낸다. 야옹거리는 소리(meowing)는 새끼고양이가 어미고양이를 찾거나 부르는 소리로 고양이 사회에서 성묘는 잘 사용하지 않는 음성 언어이다. 그러나 사람과 함께 사는 고양이들은 야옹거리는 소리로 보호자를 부르거나 관심을 끄는 경

그림 75 ㄱ자로 내려간 꼬리+웅크리는 듯한 낮은 자세+세운 털+뒤로 넘어간 귀 등의 시각적 신호분만이 아니라 하악질(hissing)이라는 음성 신호를 통해 이 고양이의 의도를 어느 정도 예측할 수 있다. 이 어린 고양이는 집에 들어온 낯선 상대를 두려워하며 방어적인 위협 행동을 보이고 있는 중이다.

우가 있는데 이는 새끼 고양이의 행동을 모방하여 보호자에게 애정을 표현하는 방법이라고 한다. 채터링(chattering)은 이를 가는 소리로 보통 호기심이나 흥미가 가는 대상(주로 사냥감이나 장난감 등)에 대한 흥분을 표현하는 소리이다. 하악 소리(hissing)는 고양이가 상대를 위협하는 소리로 주로 싸우기 전이나 도망가기 전에 낸다. 이때 고양이의 자세는 보통 낮고 경직되어 있으며 위협을 위해 털을 세우고 도주하기 위해 무게중심이 뒤로 쏠려 있으며 꼬리는 말려들어가 있거나 내려가 천천히 흔들고 있으며 귀는 옆이나 뒤로 누워있다. 으르렁 거리는 소리(growling)는 하악 소리와 마찬가지로 상대를 위협하는 소리이다. 동물병원에 방문한 고양이들은 극도의 불안과 공포에 이러한 소리를 통해 종사자들을 위협하는데 이때 조심스럽게 다루지 않으면 큰 부상을 당할 수 있으니 주의해야 한다.

[4] 후각적 의사소통

고양이 역시 마킹 행동을 통해 의사소통을 한다. 보통 오줌을 수직의 공간에 퍼뜨림으로써 자신을 표현하고 영역 등을 표시한다. 특히 발정기의 고양이들은 마킹 행동을 통해 자신의 발정 상태를 표현하고 짝을 끌어들이려고 한다. 또한 고양이의 뺨에는 페로몬을 분비하는 샘이 있는데 이는 고양이들끼리 서로 인사를 하거나 반가워할 때 얼굴을 비빔으로써 의사소통하는 중요한 수단이다. 이 페로몬을 공간에 비벼 묻히는 행동 역시 마킹 행동의 일종으로 고양이들 사이에 우호적인 분위기를 유지하는 중요한 사회 언어라고 한다.

그림 76 서로 얼굴을 핥고 비빔으로써 뺨의 샘의 페로몬을 서로에게 공유함으로써 사회적 관계를 돈독하게 한다. 이 행동을 애정 표현의 일종으로서 사람에게 하기도 한다.

(8) 신체 접촉을 통한 의사소통

고양이는 알려진 것과는 다르게 매우 사회적인 동물로서, 고양이 여러 마리가 한 장소를 공유하면서 살기도 한다. 우리가 고양이를 단독 생활하는 동물로 인식하는 이유는 고양이는 사냥을 혼자 하기 때문이다. 그러나 사냥, 영역 탐색 등의 혼자 하는 활동이 끝나면 고양이들은 작은 무리를 이루어 함께 자거나, 비슷한 시기에 새끼를 낳는 경우 서로 공동 양육을 하기도 한다. 이러한 고양이들의 사회에서 유대를 표현하는 중요한 수단은 서로 몸을 맞대고 몸단장을 해주는 행동이다. 고양이는 앞선 단원에서 언급했듯이 그루밍(grooming)을 통해 스스로를 깨끗하게 관리하는 동물인데 얼굴이나 목 주변은 상대적으로 그루밍 하기 어려워 주변 고양이들의 도움을 받는다. 고양이들끼리 서로 얼굴 부분을 핥아주는 행동을 알로 그루밍(allo-grooming)이라고 하며 사회적 관계를 돈독하게 하는 수단이 된다.

* 공중목욕탕에서 손이 닿지 않는 등의 때를 서로 밀어주는 것을 상상해보자.

종종 다묘가정에서 고양이들끼리의 사회적 관계가 행동 문제의 중요한 열쇠가 되는 경우가 있는데 이때 고양이들의 관계를 알아볼 수 있는 방법은 신체적 접촉, 스킨십이 서로 이루어지는지의 여부이다. 서로 싸우지는 않지만 서로 그루밍 해주거나 같이 몸을 붙이고 자지 않는 고양이들은 관계가 좋지 않은 경우가 많으며 단지 서로를

그림 77 사이가 좋은 고양이들은 서로 몸을 붙이고 핥아주는 행동을 통해 유대를 증진시킨다.

같은 공간을 공유하는 동거 동물로 인식하고 있을 가능성이 크다. 같은 공간에서 함께 자고 같이 놀고 서로 그루밍해주는 고양이들은 서로 사이가 좋으며 관계가 돈독하다고 생각할 수 있다.

MEMO

4

동물행동의 교육 이론

**학습
목표**

- 동물이 행동을 학습하는 원리를 이해한다.
- 동물에게 행동을 가르치는 다양한 교육 이론을 이해한다.
- 동물을 관리함에 있어서 올바른 행동 교육의 필요성을 인지한다.
- 행동 교육 이론을 바탕으로 동물병원, 행동 교육 시설, 재활 시설 등
  에서 이를 어떻게 적용할 수 있을지 생각해본다.

4 동물행동의 교육 이론

학습(learning)이란 동물이 처한 환경에 따라 행동을 변화시키며 획득한 행동 양식을 장기간 유지하는 능력을 의미한다. 즉, 동물이 어떤 경험을 하고 그에 따라 특정 행동을 했을 때 나타난 결과에 따라 그 변화된 행동을 지속하거나 중단하는 것을 의미한다.

동물의 행동은 1장에서 언급한 것과 같이 다양한 요인에 의해 영향을 받는데 후천적인 학습과 교육 역시 행동에 큰 영향을 줄 수 있다. 동물이 기본적으로 가지고 있는 유전적이고 선천적인 부분과 이후의 경험 및 학습은 서로 상호작용을 통해 행동에 영향을 준다.

또한 모든 동물이 같은 상황에서 똑같은 행동을 보일 수 없다. 행동학은 항상 전체 개체수 대비 일정 개체들에 적용된 통계일 뿐이며 모든 개체들에게 절대적이지 않음을 기억해야 한다. 이 책에서 제시된 학습 이론들은 과학적이지만 동시에 교육을 진행하는 사람과 교육을 받고 있는 개체, 교육을 진행하는 환경 등에 따라 그 결과는 천차만별이다. 모든 동물에서 같은 교육 방식이 똑같이 적용되고 똑같은 결과를 내는 것도 아니다. 따라서 각 동물과 상황에 맞는 적절한 교육을 진행해야 한다.

예를 들어 어떤 동물에게는 대체로 보상(reward)으로서 쉽게 간주되는 먹이(동물 교육에 이용되는 먹이를 보통 treat이라고 표현한다)가 행동에 대한 동기가 부여될 만한 매력적인 보상이 아닐 수도 있다. 이러한 동물을 먹이로 교육하는 것은 매우 어렵다. 교육을 진행하는 사람에게는 이 동물이 충분히 보상으로 느낄 만한 다른 대체물을 찾는 데에 교육 자체보다 오랜 시간이 소요될 수도 있다. 어떤 동물은 외부 환경에 대한 불안도가 높아 외부 활동 중엔 먹이를 먹지 않는데 이러한 경우 실내에서의 충분한 교육이 선행되어야함은 물론, 외부에서 진행하는 교육에서 먹이를 보상으로 제공하지 못하므로 다른 대체물을 찾아야 한다. 이러한 상황의 어떤 개체들은 약물 치료를 통해 불안에 대한 수준을 낮추면 없던 먹이 반응이 생기는 경우도 있다. 또 어떤 개체들은 살짝 허기진 상태를 유지하면 외부에서의 먹이 반응이 생기는 경우도 있다. 각 개체들마다 보상으로 느끼는 종류에서부터 조건의 차이가 크므로 이에 맞는 교육을 이론을 바탕으로 진행하는 것이 교육을 성공시키는 데에 중요하다. 행동과 교육에 절대적인 것은 없다는 것을 항상 명심해야 한다.

1 습관화(habituation)

동물이 처음 자극을 받았을 때는 반응을 나타냈던 것이 점차적으로 익숙해지면서 나중에는 더 이상 반응을 보이지 않는 것을 의미한다. 즉 반복적인 상황이나 자극이 동물 스스로에게 큰 이득이나 해가 없음을 체득하고 행동 반응을 멈추는 것을 의미한다. 어린 강아지에게 처음 목줄을 채웠을 때는 불편감과 이질감에 거부하는 행동을 보이다가 계속 목줄을 착용하고 있음으로써 목줄의 착용감에 익숙해져 더 이상 거부감을 보이지 않는 것이 습관화라고 할 수 있다.

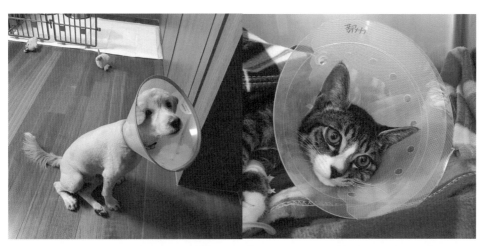

그림 78 처음 착용하는 넥카라에 불편함을 느낄 수 있다. 그러나 착용 후 시간이 지나면 습관화로 인해 정상적인 생활이 가능해진다.

2 탈감작화/탈감각화/둔감화(Desensitization, DS)

동물이 특정 자극에 두려움과 공포, 불안, 거부감을 이미 가지고 있을 경우 이 자극은 반복적으로 제시되어도 습관화되지 않고 지속적인 트라우마로 남아있는 경우가 많다. 이러한 트라우마는 종종 동물에게 소위 행동 문제를 유발하는 원인이 되기도 한다. 따라서 동물이 거부감을 가지고 있는 특정 자극이 '괜찮다'라고 인지시킬 수 있는 과정이 필요한데 이를 탈감작화/탈감각화/둔감화라고 한다(Desensitization이란 용어는 현재 한국에서 다양한 용어로 번역되어 있어 이를 모두 기술하였고 이 책에서는 탈감작화라는 용어로 통일한다).

이 학습 방법은 동물이 거부감이나 공포를 가지고 있는 자극을 아주 작은 지점에서부터 제공하여 점점 큰 자극으로 서서히 진행해 동물이 두려움을 극복하게 하는 과정을 의미한다. 예를 들어, 사람을 두려워하는 개가 있을 때 사람이 아주 먼 거리에서부터 서서히 거리를 좁혀가며 접근하는 식이다.

그러나 이 교육 방법은 실질적으로는 적용하기가 아주 어려운데 그 이유는 ① 동물이 이미 트라우마를 가지고 있는 자극은 사람이 생각했을 때는 아주 작더라도 크게 받아들일 수 있어 초기 자극 수준을 설정하기 어렵고, ② 각 단계별로 자극을 증가시킬 때 동물이 자연스럽게 받아들일 수 있는 정도의 미세한 강도로 증가시키는 것이 교육을 진행하는 입장에서는 매우 어려우며, ③ 동물이 특정 단계의 자극에서 두려움이나 불안과 관련된 행동 반응을 보일 경우 이전 단계의 자극에서 다시 교육을 재시작해야 하기 때문이다. 이 행동 반응을 무시하고 자극의 강도를 지속적으로 높여갈 경우 오히려 동물에게 더 큰 트라우마를 야기하며 이 자극에 대한 교육이 더 어려워질 수 있다.

예를 들어 청소기를 무서워하는 개가 있을 경우 탈감작화의 단계는 다음과 같다.

① 개가 청소기 자체를 두려워하는지 청소기 소리를 두려워하는지 청소기의 움직임을 두려워하는지 파악한다. 이 예시에서는 청소기의 소리와 움직임, 즉 청소기로 집을 청소하는 것을 두려워하는 것으로 설정한다.

② 극단적인 경우 사람이 청소기에 다가가기만 해도 두려움과 불안을 나타내는 개도 있다. 따라서 사람이 청소기에 다가갔다 물러서는 것을 반복하여 사람이

청소기에 접근해도 괜찮다는 것을 가르친다.

③ 청소기에 손을 댔다가 물러서는 것을 반복한다. 개가 불안을 표현하면 다시 2단계로 돌아가 여러 날 이것을 연습한다.

④ 사람이 청소기에 손을 대도 불안을 표현하지 않는 단계까지 교육이 진행되면 청소기를 아주 잠깐 작동시킨다. 보통 사람이 적용하기 쉽게 하기 위해 1초, 2초 이런 식으로 시간을 늘려가라고 조언한다. 동물이 불안을 표현하지 않는다면 시간을 초 단위로 늘려간다. 아직 청소기를 움직이거나 청소를 해서는 안 되며 오로지 소리 자극의 시간만 늘려간다.

⑤ 청소기를 아주 잠깐 움직였다가 멈춘다. 소리 자극과 마찬가지로 동물이 반응하지 않는지 확인하며 얼마든지 전 단계로 돌아갈 수 있음을 명심한다. 초 단위로 시간을 늘려간다.

⑥ 소리와 움직임을 동시에 초 단위로 진행한다.

이 교육은 동물에 따라 아주 오래, 심지어는 수년이 걸릴 수도 있다. 이를 꾸준히 단계별로 진행하지 않으면 동물이 자극에 '괜찮다'라고 인식하기 어려워 교육의 효과가 떨어지며 오히려 더 큰 트라우마를 유발할 수도 있다. 특정 자극에 아주 심각한 공포를 느껴 교육 자체를 진행하는 것조차 어려울 경우 불안과 공포를 일부 낮추는 약물 치료와 병행하여 교육을 진행할 수도 있다.

이 교육 방법은 습관화와 혼동할 수 있다. <u>습관화는 동물이 반복되고 이득와 손해가 없는 특정 자극에 지속 노출되고 익숙해져 '괜찮다'라고 스스로 인지하는 것이고, 탈감작화는 동물에게 특정 자극이 '괜찮다'라는 것을 인지시키기 위해 자극을 조작하여 단계별로 늘려가는 교육 방식이다.</u>

습관화나 탈감작화를 잘못 적용할 경우 홍수요법(flooding)이라는 방식으로 동물에게 더 큰 트라우마를 줄 수 있어 주의가 필요하다. 홍수요법은 트라우마가 될 만큼 강력한 자극을 그대로 동물이 접하게 해 스스로 극복하게 하는 교육 방식이다. 이 교육 방법은 물을 무서워하는 사람을 수영장에 밀어 넣고 스스로 수영해서 빠져나오게 하는 사람에서의 심리학 용어에서 비롯되었는데, 현대 사회에서는 오히려 두려움을 더 강화시켜 심리적 문제를 개선하지 못한다고 보고 지양되고 있는 교육 방식이다. 거미를 무서워하는 사람을 거미에 대한 공포를 극복시키기 위해 거미로 가득찬 방에 밀어

넣고 두려움을 견디고 극복하라고 하는 방식이 본질적으로 두려움으로 인한 문제를 해결하는 데에 도움이 될 것인지 생각해 보자. 계단을 부서워 하는 동물에게 탈감작화를 이용한 점진적인 접근보다 계단으로 밀어 극복하게 하는 것이 문제를 해결하는 데에 도움이 될 것인지 생각해 보자. 홍수요법이 지양되는 이유는 여기에 있다.

3 연상학습(associative learning)

연상 학습이란 특정 자극 또는 행동 반응에 대한 결과를 바탕으로 배우게 되는 행동을 의미한다. 일반적인 경우 동물이 특정 상황에 반응하여 어떤 행동을 했을 때 그에 따른 결과가 긍정적일 경우 그 행동을 지속하며 부정적일 경우 그 행동을 기피하게 된다.

그림 79 연상 학습의 간단한 메커니즘

동물에서 가장 직관적으로 인식되는 '긍정적인 결과'는 '먹이'이다. 야생동물을 포함한 대부분의 동물은 생존에 가장 절대적으로 필요한 먹이가 행동의 목적이 되는 경우가 많으며 먹이를 얻는 것에 어떤 행동이 이로울 경우 그 행동을 지속하는 경향이 있다. 그 외 반려동물에서 긍정적인 결과로 인식되는 것은 보호자의 관심이나 스킨십, 산책, 장난감, 놀이 등이 있을 수 있다. 이렇게 긍정적인 결과로 인식될 수 있어 어떤 행동이 지속될 수 있도록 유도할 수 있는 매개를 교육에서는 보상(reward)이라고 한다.

(1) 고전적 조건화(classical conditioning)

고전적 조건화는 '파블로프의 개' 연구를 통해서 잘 알려져 있다. 개에게 먹이를 주면 자동적으로 침을 흘리는데, 종소리를 들려주면서 먹이를 주는 것을 반복하면 이후에는 종소리만으로도 침을 흘리게 된다. 이때 단순히 먹이에 의해 유발된 침 분비 반응은 동물이 의도하지 않고 자동적으로 생체가 반응하는 것(불수의적, involuntary)으로 이를 무조건 반응(unconditioned reaction)이라고 한다. 이후 종소리와 먹이를 연관 지어 종소리를 듣고 침을 흘리는 것은 학습된 반응으로 이를 조건 반응(conditioned reaction)이라고 하며 조건 반응을 유발하는 종소리를 조건 자극(conditioned stimulation)이라고 한다.

이 반응의 가장 중요한 의미는 <u>학습에 의해 연결된 자극이 실제로 생체의 불수의 적인 반응을 유발한다는 것</u>이다. 개에게 아무 의미 없는 종소리가 보상과 연결되어 제공되는 것(교육)이 반복되면 종소리는 이후 생체의 불수의적인 반응을 유발하는 강력한 보상으로 작용한다.

현재 이 원리는 동물의 교육에서 클리커 트레이닝(clicker training)으로 응용되고 있다. 이 원리를 이용하면, 보상과 클리커 소리를 연결지어 제공하는 것을 반복함으로써 먹이 없이 클리커 소리만으로 보상을 제공하는 것이 가능해진다(그림 88 참고).

(2) 역조건화(counter-conditioning)

역조건화는 동물이 부정적으로 느끼고 있는 자극을 좋아하는 것과 함께 제공하여 그 자극을 호의적으로 변화(조건화)시키는 과정을 의미한다. 예를 들어 다른 개를 무서워하는 개가 있을 때, 개를 마주칠 때마다 먹이를 보상으로 제공한다면 이 개는 점차적으로 다른 개와 함께 있는 것을 보상으로 인식하게 된다는 원리이다.

이 교육은 기본적으로 두려워하거나 싫어하는 자극을 호의적으로 변화시키는 과정이기 때문에 교육이 성공하기 위해서는 많은 시간과 인내심이 요구되며 보상의 퀄리티가 중요한 요소가 된다. 공포 영화를 두려워하는 사람이 공포 영화에 호의를 가지도록 보상으로 영화를 볼 때마다 만 원씩 준다고 했을 때 그 사람은 여전히 공포 영화를 두려워할지라도 어느 정도 인내를 가지고 영화를 보고 있을 수도 있다. 그러나 어떤 경우에는 두려움을 참는 것에 대응하는 보상이 작게 느껴져 보상에도 불구하고 영화를 거부할 수도 있을 것이다. 이러한 사람에게 공포 영화를 볼 때마다 1억씩 준다고 했을 때 큰 보상 때문에 그 사람은 공포 영화를 보다 잘 참고 볼 수 있을 수는 있지만 여전히 두려워하는 요소를 완전히 지워버리지는 못한다.

즉, 이 교육 방법은 두려워하고 싫어하는 자극을 좋아하게 하는 것은 사실상 불가능하며 어느 정도 참고 견딜 수 있게 하는 것으로 교육 목표를 설정해야 하는 것이 중요하다. 아무리 좋아하는 먹이로 동물을 보상한다고 할지라도 싫어하는 발톱 깎는 행동을 완전히 좋아하게 할 수는 없다는 것을 기억하면 교육을 진행하는 것이 훨씬 수월하다.

이제 앞서 언급했던 청소기를 무서워하는 동물을 DSCC(desensitization and counter-conditioning)을 이용한 교육한다면 자극을 줄 때마다 좋아하는 간식을 보상으로 제공하며 작은 자극에서부터 큰 자극을 점차적으로 제공한다. 교육이 성공적이라면 동물은 청소기 소리와 움직임에서 보상을 받을 수 있다는 것을 학습하여 이전보다 두려움이 줄어들고 긍정적인 감정을 느낄 수 있게 된다.

토의

예민하고 공격성 있는 개들의 입마개 교육은 입마개 자체가 혐오 자극이 되지 않도록 아주 천천히 조심스럽게 진행되어야 한다. DSCC를 바탕으로 어떻게 교육할 수 있을지 트레이닝 계획을 수립하고 실제로 적용하면서 나타날 수 있는 다양한 문제들을 어떻게 해결할 수 있을지 토의해본다.

그림 80 입마개 교육을 진행하고 있는 개

(3) 도구적 조건화(instrumental/operant conditioning)

도구적 조건화란 행동 뒤에 따르는 결과를 조작함으로써 동물의 행동을 강화시키거나 약화시키는 것을 의미한다. 동물에게 원하는 행동이 있을 경우 그 행동을 계속하게 만드는 것을 강화(reinforcement), 원하지 않는 행동이 있을 경우 그 행동을 멈추게 하는 것을 처벌(punishment)이라고 한다. 이 결과를 유도하기 위해 보상이나 체벌 등 어떤 조작을 더할 경우 긍정(positive), 원하는 것을 주지 않거나 뺏을 경우를 부정(negative)이라고 한다.

* 현재 도구적 조건화에 대한 한국어 용어는 통일되지 않았다. 예를 들어 Positive가 긍정을 의미하는 것이 아니라 더한다는 의미이기 때문에 긍정이라는 용어가 적절하지 않다는 의견이 있어 '정적'이라는 용어를 사용해 정적강화라고 번역하기도 한다. 이 책에서는 일반적으로 널리 쓰이고 있는 용어에 대한 혼란을 방지하기 위해 긍정강화라는 용어를 사용한다.

긍정강화(positive reinforcement)는 어떤 행동에 대해 보상을 하여 그 행동을 계속하게 하는 것이다. 예를 들어 개에게 '앉아'라는 지시를 했을 때 개가 원하는 대로 앉았을 경우 먹이를 주면 그 개는 이후 '앉아'라는 지시어에 앉을 경우 긍정적인 보상이 있을 것으로 기대해 앉을 것이다.

개가 낯선 사람이 왔을 때 심하게 짖는 경우 이 행동이 부정강화(negative reinforcement)되었을 가능성을 생각해 볼 수 있다. 즉 개가 짖었는데 싫어하는 사람이 가버렸다. 즉 싫은 자극이 제거되었다. 그러므로 개는 짖는 행동으로 싫어하는 자극이 제거될 것이라고 기대해 낯선 사람에 대해 짖는 행동이 더 강화된다(이 상황을 해결할

그림 81 '앉아' 라는 지시어에 앉는 행동을 하고 보상으로 간식을 받아먹고 있다.

수 있는 방법은 다른 대체할 행동을 역조건화를 통해 교육하는 것이다. 낯선 사람이 왔을 때 얌전히 앉는 행동을 가르쳐 보상을 해주는 것을 반복한다).

긍정처벌(정적 처벌, positive punishment)은 짖으면 때려서 짖지 못하게 하는 것이다. 보호자들이 가장 흔하게 하는 실수로 동물이 원하지 않는 행동을 했을 때 위협하여 동물에게 두려움을 유발하여 그 행동을 멈추게 한다. 긍정이라는 단어가 처벌과 의미적으로 연결되지 않기 때문에 긍정을 생략하고 처벌이라는 용어로 단독으로 쓰기도 한다. 이 교육 방식이 성공하기 위해서는 다음을 반드시 지켜야 한다.

개를 포함한 동물은 기본적으로 자신의 행동과 그 처벌을 포함해서 행동에 따른 결과의 인과관계를 명확하게 이해하지 못한다. 따라서 혼내고자 하는 행동이 벌어진 후 즉시/적절한 세기로/그 잘못된 행동을 할 때마다/적용하지 않으면 동물은 전혀 그 처벌의 의미를 이해하지 못 한다. 이것이 정말로 어려운데 일단 우리는 화가 나면 적절한 세기라는 것이 없이 너무 약하게 혹은 너무 강하게 동물을 때리게 되고, 어떨 때는 때리고 어떨 때는 소리를 지르는 등 일관성 없는 처벌이 이루어지며, 동물이 그 행동을 할 때마다 24시간 밀착하여 그때마다 즉시 처벌할 수도 없다. 이렇게 무작위로 이루어져 행동과의 아무 연관성도 유추할 수 없는 처벌은 곧 동물 학대를 의미한다. 경우에 따라 동물에게 큰 부상이나 정신적 트라우마를 유발하여 오히려 행동 문제를 더 유발하는 경우도 생길 수 있다. 따라서 이 교육 방식은 절대 권장되지 않는다.

또한 이 교육 방법은 체벌이 보호자와의 신뢰를 깨버리는 악순환을 낳을 수도 있으므로 굳이 이 방식을 교육에 적용한다면 보호자와 처벌이 관련이 없게 느껴지도록 하는 것이 권장된다. 짖을 때 싫어하는 향이 나오는 짖음 방지 목걸이나 경고등, 부비트랩, 쓴 맛, 놀라게 하는 소리 등이 이용될 수 있다. 원하지 않는 행동을 보호자와 연관이 없는 혐오 자극과 결합시켜 그 행동을 하지 않도록 하는 것이다.

* 짖음 방지 목걸이에 대한 실효성은 논란이 있다. 이론대로라면 보호자와 연관되지 않았으면서 짖을 때마다 불쾌한 향이나 진동, 전기충격으로 짖는 행동을 멈추게 하는 데에는 효과적일 수 있다. 그러나 목걸이의 오작동이 잦아 처벌이 랜덤으로 이루어지는 경우가 많아 제대로 학습이 이루어질 수 없다. 또한 약한 자극에 습관화되어 버릴 경우 처벌의 효과가 사라지기 때문에 처벌 자극을 증가시켜야 할 경우 결국 학대로 이어질 수 있다. 가장 큰 문제는 처벌로 인식될 수 있을 만한 자극은 종종 동물에게 과도하기 때문에 제품에 의해 목 부위에 화상을 입는 사례가 빈번하

게 보고되고 있다는 것이다. 이러한 강한 자극은 행동을 멈추는 데에는 효과적일지 몰라도 궁극적으로는 동물이 신체적으로 심각한 부상을 당할 수 있을 뿐 아니라 정신적 트라우마를 유발하는 학대가 될 수 있음을 명심해야 한다.

또한 멈추고자 하는 행동 대신에 할 수 있는 대체 행동을 지정해 주어야 한다. 예를 들어 사람에게 달려드는 것 대신에 자기 집에 들어가 장난감을 가지고 노는 등으로 원하지 않는 행동을 권장되는 행동으로 대체해 주어야 한다.

부정처벌(negative punishment)은 동물이 원하는 보상을 주지 않음으로써 행동을 멈추게 하는 것을 의미한다. 많은 반려동물이 보호자의 관심을 끌기 위해 다양한 행동 문제를 보이는 경우가 많은데 이때의 보상은 먹이일 뿐만이 아니라 보호자의 관심(시선, 스킨십, 목소리 등)이다. 따라서 이러한 경우 무관심으로 일관하면 동물이 원하는 보상을 얻지 못하고 그 행동으로 에너지만 낭비하는 것이 되므로 결국 그 행동을 멈추게 된다.

종종 이러한 교육 이론들에서 설명하는 무시(ignore), 무관심이 단순히 동물을 쓰다듬어 주지 않는 것으로만 여겨 '하지마', '안돼' 같은 말을 건네며 동물을 계속 쳐다보고 몸을 숙여주는 경우가 많은데, 여전히 동물은 그것을 보상으로 인식하기 때문에 잘못된 행동을 통해 원하는 것을 얻고 있고 행동은 강화되고 있다. 따라서 무관심으로 일관하라는 것은 동물에게 눈길도 주지 않고 몸을 향하거나 숙이지 않고 완전히 외면하는 제스처를 취하라는 의미로 이 태도를 일관되게 반복하면 동물은 결국 그 행동을 멈추게 된다.

종종 보호자들은 부정처벌을 꾸준히 지속하기 어려워하는데 그 이유 중 하나는 행동이 더 나빠지는 것처럼 느껴지기 때문이다. 예를 들어 짖으면 보호자가 먹이를 주는 행동이 반복되어 짖어서 조르는 행동이 강화된 개가 갑자기 먹이를 얻지 못하게 된다면 더 심한 짖음을 통해 이 욕구를 해소하려고 한다. 보호자는 더 강해진, 즉 더 나빠진 행동에 반응하여 결국 먹이를 주게 되고 이는 그 개가 더 나빠진 행동을 강화시키는 원동력이 된다. 이러한 과정이 반복되면 결국 이 개는 나빠진 행동이 강화되어가며 통제 불가능한 수준의 행동 문제를 보이게 된다.

따라서 이 교육 방법을 선택할 경우 일정 부분 동물과 '기싸움'이 필요한 경우도 있다. 즉 동물이 목적을 이루기 위해 아무리 그 행동을 강화시켜도 보호자가 끝까지 반응하지 않는 것이다. 점점 더 강화되는 행동을 끝까지 참고 반응해 주지 않는다면 정상적인 경우라면 그 동물은 그 행동을 어느 시점에는 포기하게 된다. 대체 행동을 꾸준히 제시해 줄 수 있으면 욕구가 다른 방향으로 치환되므로 보다 빠르게 교육이 이루어질 수도 있다. 시장에서 물건을 사달라고 떼쓰는 아동의 요구를 들어주지 않고 냉정하게 돌아서는 부모를 생각하면 이해가 쉬울 것이다.

혹은 어떤 동물에서는 부정처벌로 욕구가 지속적으로 좌절되고 보호자가 급작스럽게 태도가 변화한 것에 대한 불안으로 인해 다른 문제 행동 문제로 이어지는 경우도 있다. 이러한 경우 약물 치료가 병행되어야 하기도 한다. 떼쓰는 아동의 행동이 부모의 외면으로 어느 정도는 교정될 수도 있지만 부모의 무관심이나 지속적인 욕구 좌절 등으로 인해 정신적인 불안이 높아지는 아동도 있을 수 있다. 이러할 경우 부모가 욕구를 대체해 줄 다른 상황을 만들어주는 것과 동시에 전문가의 심리 치료나 약물 치료가 병행되어야 하는 것과 일맥상통한다.

동물원 등에서 사육 야생동물을 케어할 때에도 반려동물과 마찬가지의 교육 이론을 적용함으로서 채혈을 위해 팔을 내밀거나, 투약을 위해 입을 벌리거나, 발바닥 관리를 위해 발을 들어올리는 등의 행동을 가르칠 수 있고 이를 통해 동물의 관리와 처치를 용이하게 할 수 있다.

토의

개가 식탁 밑에서 사람 음식을 조르는 행동을 그만 하게 교육하고 싶다. 도구적 조건화의 원리를 이용하여 이 행동을 어떻게 그만하게 할 수 있을지 토의해 본다.

---

4 시행착오(trial and error)

동물이 시험적으로 이런 저런 행동을 해보고 그 가운데 성과를 보았던 행동만을 계속 하는 것을 의미한다. 반복에 의한 경험의 결과로 학습되는 행동이다. 예를 들어

그림 82 먹이 퍼즐 장난감의 일종인 오뚜기 형태의 장난감에서 다양한 시행착오를 통해 먹이를 획득하고 있는 개. 이 역시 학습의 일종으로서 문제를 해결하기 위해 다양한 시도를 하고 가장 효율적이었던 행동을 스스로 선택하는 과정을 놀이로 이끌어낸 것이다. 이러한 시행착오를 통해 동물은 자연스럽게 많은 행동들을 시도해 보게 되고 그 과정 자체가 놀이와 학습이 된다.

물건을 물어뜯는 개가 있을 때 쓴 맛을 묻혀 놓은 물건을 뜯고 쓴 맛을 느꼈다면 그 물건은 뜯지 않게 된다. 이를 미각 기피(taste aversion)라고 하며 자연계에서 흔하게 일어나는 자기 방어 기재 중 하나이다.

반려동물은 콩 토이(KONG®) 등 각종 먹이 퍼즐 장난감으로 놀이를 할 때 많은 시행착오를 통해 먹이를 획득하는 방법을 학습한다. 먹이를 얻기 위해 다양한 행동을 시도해 보는 과정 자체가 놀이가 될 수 있으며 이를 통해 행동 발달에 도움이 될 수 있어 유익하다.

5 모방(imitation)

다른 개체의 행동을 관찰한 후 그 행동을 흉내 내는 학습을 의미한다. 어린 동물의 경우 부모 동물의 행동을 모방하여 그 종의 생존에 이로운 행동을 학습한다. 특히 같은 종의 또래 동물들 간의 놀이 행동은 서로를 모방하는 행동이 많으며 이를 통해 그 종에 필요한 사냥, 회피, 투쟁, 번식 등에 필요한 기본 행동을 학습한다. 반려동물의 경우 보호자나 사람의 행동을 모방하여 즐거움을 주기도 한다. 다른 종의 동물의 행동을 모방하는 것은 보다 고차원적인 인지 기능이 필요한 경우가 많아 흔한 일은 아니다. 앵무새를 비롯한 일부 조류의 경우 사람의 말을 모방할 수 있으며 일부 지능이 높은 개체는 간단한 대화를 하는 수준에 이르기도 한다.

6 혁신(innovation)

지금까지 겪어보지 못한 새로운 상황에 대처해 모방 없이 창의적으로 대처하는 행동을 의미한다. 이전에 보지 못했던 도구를 이용하여 먹이를 획득하는 경우 이를 혁신을 통해 새롭게 학습한 행동이라고 할 수 있다.

길 생활이나 보호소 생활을 하다가 실내 가정에 입양된 동물의 경우 이제까지의 환경과 완전히 다른 환경과 새로운 관계들에 놓이면서 이전까지의 행동들과 경험들을 토대로 새로운 생활 방식을 혁신을 통해 획득해 간다고 할 수 있다. 이러한 과정은 종 종 오래 걸릴 수 있어 보호자의 인내와 기다림이 필요한 경우도 있다.

그림 83 실외에서 방치되어 있다 구조된 성견이 처음 겪는 실내 생활과 사람과의 생활에 두려워하고 있다. 기존 동물이 있다면 모방을 통해 보다 쉽게 실내 생활과 반려동물로서 일반적으로 추구되는 행동들을 학습할 수도 있지만 그렇지 않은 경우 많은 시행착오를 거치거나 혁신을 통해 새로운 행동 방식을 획득해야 할 수도 있다.

7 적응(adaptation)

여러 세대를 포함하여 오랜 기간에 걸쳐 특정 환경에서 다양한 행동들을 통한 여러 시행착오, 모방, 그리고 혁신을 통해 동물이 그 환경 조건에 가장 알맞은 행동을 찾아 선택함으로써 개체의 생존뿐 아니라 집단 또는 종이 지속적으로 유지되는 것을 의미한다. 동물들은 자신의 서식 환경 내에서 가장 효율적으로 생존하고 번식할 수 있는 행동을 극대화시킨다. 현대 사회 도시로 내려온 일부 야생동물들은 이전까지 선조들이 경험해 보지 못한 새로운 환경에서 혁신을 통한 새로운 행동들을 학습함으로써 새롭

그림 84 도시 환경에 적응하여 살고 있는 야생동물들

그림 85 낙엽 사이에 은신 중인 살모사. 보호를 위해 서식지에서 가장 눈에 띄지 않은 무늬로 적응해 왔다.

게 도시 환경에 적응해 나가고 있다고 할 수 있다. 반려동물의 경우 각각 입양된 가정의 환경에 따라 가장 효율적이었던 행동 양식을 선택하고 그 양식을 유지하며 각 가정에 적응하여 살아간다고 할 수 있다.

8 트레이닝/교육(training)

* 이 책에서는 training을 훈련, 훈육이 아닌 트레이닝 원어를 사용하거나 교육으로 번역한다.

동물이 자연 생태계가 아닌 인간과 함께 생활하게 될 때 인간의 생활에 맞추어 살기 위해 필요한 행동을 새롭게 학습하게 하기 위한 모든 교육 과정을 의미한다. 먹이를 비롯한 다양한 보상을 이용하여 동물이 사람과 함께 살아감에 있어서 해서 좋은 일과 해서는 안 되는 일을 구분하게 하는 것을 교육한다. 작게는 앉아, 기다려, 손 등의 행동을 가르치는 것부터 발톱 깎기, 귀청소 등의 기본 케어, 원반, 어질리티 등의 독스포츠, 인명 구조나 마약 탐지 등의 사역에 이르기까지 복잡한 행동을 교육하는 과정 모두를 의미한다.

또한 개뿐 아니라 고양이나 기타 <u>모든 동물에서</u> 원하는 행동을 적절한 보상을 통해 교육하는 것이 가능하다. 예를 들어 동물원 동물들의 경우 관리자들과의 유대를 증진시키고 동물의 관리와 진료를 용이하게 하기 위해 특정 자세를 취하는 것을 교육한다. 최근 푸바오라고 하는 모 동물원의 팬더가 채혈을 위해 팔을 내미는 자세를 취하는 영상이 공개되었는데 팔을 내미는 자세에 보상을 지속적으로 제공하여 자발적으로 그 행동을 선택할 수 있도록 트레이닝한 것이다. 이 자세를 교육함으로써 동물을 보정하기 위해 강압적인 방법을 사용하면서 동물이나 사람이 다치거나 동물과 사람 간의 신뢰를 깨는 등의 부작용을 최소화할 수 있다.

평소에 꾸준히 진행해온 교육은 단순한 재롱 잔치를 위한 것이 아닌, 이후 행동 문제가 발생했을 때 관리할 수 있는 기본적인 도구로서도 기능한다. 예를 들어 앉아, 기다려, 누워 등의 행동을 평소의 꾸준한 교육을 통해 습득해 놓았다면 이전에 언급하였던 어떤 행동에 대한 대체 행동으로서 학습되어 있던 행동들을 제시함으로써 하지 못하게 하고 싶은 행동을 멈추게 하는 것이 가능하다.

그 행동이 동물 스스로가 이롭다고 판단하여 그 행동을 <u>자발적으로</u> 선택하게 하는 것이 동물 교육의 궁극적 목표이다. 어떤 행동에 대한 보상이 즉각적이고 확실하다면 동물은 금방 그 행동을 학습하고 보상을 얻기 위해 그 행동을 자발적으로 지속할 수 있다. 두려움에 기초하여 처벌이나 고통이 수반되는 교육은 동물과 사람 간의 신뢰를 저해하고 오히려 관계를 불안정하게 하기 때문에 권장되지 않는다.

그림 86 앉는 행동을 교육받고 있는 어린 강아지. '앉아' 라는 지시어에 앉는 자세를 취했을 때 즉각적으로 먹이 보상을 제공하여 그 행동을 강화시킨다 (긍정강화, positivereinforcement). 여러 번의 반복을 통해 이 강아지는 '앉아' 라는 지시어에 앉는 자세를 취하면 보상을 얻는 다는 것을 연상(연상학습)하여 이후에는 이 행동을 스스로 선택하게 된다.

교육은 각각 다른 언어를 사용하는 동물과 사람이 긍정적인 방향으로 대화하는 방법을 의미하므로, 동물뿐 아니라 보호자를 비롯한 동물을 관리하는 사람 모두가 올바른 방법을 교육받아야 할 필요가 있다.

(1) 클리커 트레이닝(clicker training)

먹이와 특정 소리를 지속적으로 함께 제공하면 먹이와 소리를 연관지어 실제 내장 기관의 불수의적인 반응을 이끌어 낼 수 있다(고전적 조건화). 어떤 행동에 대한 보상으로서 소리와 먹이를 같이 제공하는 것을 반복하면 동물은 소리와 먹이를 보상으로 함께 인식하게 되어 먹이 없이도 보상을 받았다고 인식하게 된다. 이 원리를 이용한 트레이닝 방법 중의 하나가 클리커 트레이닝(clicker training)이다.

클리커 트레이닝은 보상이 제공되는 시간이 늦어질 경우 동물이 행동과 보상을 인식하지 못해 교육 효과가 떨어지는 것을 보완할 수 있는 유용한 장치이다. 행동 즉시 소리를 발생시킬 수 있기 때문이다. 또한 보상이 일관적이지 못하게 제공되어 학습 효과가 떨어지는 것을 일정한 소리를 통해 보상을 통일함으로써 교육 효과를 증진시키기도 한다. 알러지나 비만, 특정 질환 등으로 먹이 보상을 할 수 없거나, 먹이에 그다지 흥미를 느끼지 못하는 동물, 혹은 터그(tug)나 장난감을 보상으로서 즉각적으로 제공하는 것이 익숙하지 않은 사람에게도 유용하게 사용될 수 있다.

꼭 클리커라는 도구가 아니더라도 즉각적으로 똑같은 소리를 낼 수 있는 도구라면 어떤 것이든 사용될 수 있다. 예를 들어 '옳지'라는 용어 와 함께 먹이를 제공한다면 동물은 '옳지'라는 소리와 먹이를 고전적 조건화를 통해 함께 보상으로 인식할 수 있다. 다만, '옳지'라는 용어를 언제나 똑같은 크기와 어조로 일관적으로, 그리고 즉각적으로 제공해야만 동물이 소리와 보상과 연결 짓는 것이 쉬워진다.

그림 87 클리커. 다양한 형태가 있으며 원하는 타이밍에 일정한 소리를 낼 수 있도록 고안된 교육 도구이다. 먹이와 클리커 소리를 지속적으로 함께 제공하여 고전적 조건화를 유도하고 이후 클리커 소리만으로도 동물이 보상 받았다고 인식하게 되어 먹이 보상 없이 교육이 가능하게 할 수 있다.

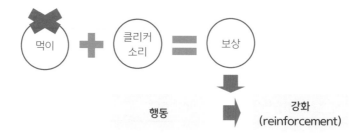

그림 88 클리커 트레이닝의 원리. 고전적 조건화를 통해 먹이 보상과 클리커 소리를 연관짓게 하여 원하는 행동에 클리커 소리만을 제공하여 행동을 보상받았다고 인식하게 하여 행동을 강화한다. 즉 이 트레이닝 방법은 고전적 조건화와 긍정강화를 함께 적용한 교육이다.

(2) DSCC(desensitization+counter-conditioning)

이전에 언급하였던 것처럼 발톱을 깎거나 입마개를 하는 등 동물이 낯설어 하거나 싫어하는 조작을 해야 하거나, 혹은 청소기 소리나 다른 사람 등 특정 자극을 두려워 하는 동물에게 '괜찮다'라는 것을 교육해야 할 때 DSCC를 통해 트레이닝을 진행할 수 있다. 오랜 시간을 들여 꾸준히 조작이나 자극을 점진적으로 강도를 늘려가며 제공하고 적절한 보상을 지속적으로 제공함으로써 그 조작이나 자극에 대한 두려움을 천천히 줄여 나간다.

많은 보호자들이나 관련 종사자들은 종종 '자극을 점진적으로 늘려간다'를 너무나 급박하게 진행하여 동물에게 오히려 불안과 스트레스를 가중시켜 그 조작이나 자극을 더 두려워하게 만들어 교육에 실패한다. 마치 사람에 익숙하지 않은 야생동물을 관찰하기 위해 '사람 입장에서는' 조심스럽게, 조용히, 천천히 다가가지만 동물은 금세 낌새를 느끼고 도망가는 것과 같다. 자극의 강도를 증가시키는 것은 마치 예민한 새 뒤에서 들키지 않고 거리를 좁히는 것과 똑같이 생각하고 진행해야 한다.

또한 싫어하고 두려워하는 자극이나 조작을 받아들일 수 있을 정도로 충분히 큰 보상이 즉각적이고 일관적으로 제공되어야만 한다. 따라서 교육 효과를 증가시키기 위해서는 종종 먹이가 제한될 수 있고, 더 중요한 교육을 위해 동물이 가장 좋아하는 먹이를 남용하지 않고(아무런 대가 없이 무작위로 제공하는 것을 의미한다) 오로지 교육을 위한 수단으로 남겨 두어야만 한다.

[3] 상벌의 기본 원칙

모두 보상과 처벌 모두 행동 직후에 이루어져야 동물이 행동과 결과를 연관지어 이후 행동을 지속할지 그만둘지를 선택할 수 있다. 동물에게 가장 직관적인 보상은 먹이이다. 위에 언급한 것처럼 동물에게 행동의 동기를 극대화시켜 교육 효과를 증진시키기 위해서는 먹이의 가치를 높여야 할 필요가 있다. 따라서 먹이는 무작위로 제공하기보다는 오로지 긍정적인 행동의 결과로서만 제공하는 것이 추천된다.

반려동물에서 가장 직관적인 처벌은 무관심이다. 원하지 않는 행동을 하고 있는 동물에게 소리를 치거나 큰 소리를 내어 위협하거나 때리는 방식은 당장 행동을 멈추게 할 수 있을 수는 있지만 동물은 그 인과 관계에서 아무것도 배우지 못할 뿐만이 아니라 오히려 트라우마를 적립하고 보호자와의 신뢰감만을 잃는다. 또한 적절한 체벌의 강도는 동물마다 다르며 감정이 있는 사람이 조절하는 것은 쉽지 않기 때문에 절대 동물을 체벌하거나 위협하여 교육하지 않아야 한다. 대신 그 행동이 보호자의 관심을 전혀 끌지 못하며 오히려 사랑받지 못한다는 것을 인식하게 하는 것이 동물에게는 보다 효과적인 교육이 된다. 따라서 그 자리를 피하거나 시선을 마주치거나 몸을 동물 쪽으로 향하지 않고 무시하는 자세만으로도 대부분의 동물이 자발적으로 그 행동을 하지 않는 것을 선택하게 할 수 있다.

(4) 트레이닝 도구의 이용

목줄과 리드줄은 안전을 위해서 가장 기본적인 도구라고 할 수 있다. 최근 사회적 문제로 대두되고 있는 개물림 사고들의 경우에도 목줄과 리드줄을 올바르게 착용하고 있었으면 발생하지 않았을 경우도 많다. 목줄과 리드줄을 이용해 사람과 함께 발맞춰 걷는 연습(heel walking)을 통해 개는 복잡한 도시에서 안전하게 산책할 수 있다. 이러한 산책 방식은 사람의 안전뿐만 아니라 개가 유실되거나 사고를 당하는 것을 막을 수 있다. 공간이 사방이 막혀 있지 않다면 사고나 유실을 방지하기 위해 개의 목줄을 풀지 않도록 주의한다.

길이를 늘였다 줄였다 할 수 있는 자동줄은 숙련된 보호자가 아니라면 늘어진 줄을 통제할 수 없어 사고가 발생할 가능성이 높으므로 교육이 충분히 되지 않은 개가 복잡한 공간을 산책하는 경우라면 사용하지 않는 것이 좋다.

목줄 대신 하네스를 사용할 수도 있다. 단 하네스는 원래 용도가 짐이나 수레를 끄는 용도로 고안된 도구이므로 산책 교육이 잘 되지 않은 개에서는 끄는 행동을 강화시킬 수 있다. 목줄을 착용하고 과도하게 끄는 행동으로 목 부분의 손상이 우려되는 경우라면 충분히 목줄을 이용한 산책이 숙지된 후 하네스와 병행하는 것이 좋다. 줄을 끌 뿐만 아니라 산책 시 마주하는 다양한 자극에 예민하여 짖거나 뛰어오르는 개의 경우 산책 구간 중간중간에 얌전히 앉아서 다양한 자극에 보호자에 집중하는 지점들을

그림 91 목줄과 리드줄을 이용해 보호자의 속도에 맞추어 안전하게 산책을 하고 있는 개

토의

산책 시 흥분하여 줄을 과하게 끄는 반려견을 어떻게 교육할 수 있을지 이전에 학습하였던 학습 이론들을 토대로 트레이닝 계획을 세워본다.

만들어 놓는 것이 좋다. 종종 특정할 수 없는 외부의 여러 자극들에 대한 불안과 흥분도를 낮추기 위한 적절한 약물 처방 역시 필요할 수 있다.

앞섬방지하네스(앞고리 하네스)는 개가 줄을 끌면 앞고리에 걸린 리드줄로 인해 방해가 되어 앞으로 끌지 못하게 하는 원리의 산책 도구이나. 이 도구는 유용할 수 있지만 앞고리가 개의 앞가슴에 정확하게 고정되기 어려워 고리가 옆으로 쏠리는 경우가 많고 이럴 경우 끄는 행동이 수정되지 않는다.

입에 거는 형태의 하네스(젠틀리더)도 산책 시 앞으로 끄는 행동에 유용하게 사용될 수 있다. 이 도구를 거부감 없이 적용하기 위해서는 DSCC를 통한 충분한 사전 연습이 필요하며 산책 교육이 병행되지 않을 경우 하네스와 닿는 부위의 손상이 발생할 수 있어 주의해야 한다.

그림 92 산책은 신체적인 운동을 위한 것도 있지만 다양한 외부 자극을 받아들이는 기회로 삼을 수도 있다. 꼭 걷지 않아도 산책의 욕구는 충분히 충족시킬 수 있으니 무리하지 않고 자주 휴식하며 외부 환경에서도 보호자에게 집중하는 연습을 진행하는 것이 좋다.

그림 93 앞섬방지하네스를 착용한 개와 각각의 산책 특성에 맞추어 앞섬방지 하네스와 목줄을 착용하고 산책하고 있는 개들. 우측 사진의 왼쪽 개의 앞섬방지하네스의 앞고리가 옆으로 돌아가 개가 앞으로 끄는 행동을 전혀 수정해주지 못하고 있다.

입마개(muzzle)는 공격성이 있는 개가 발생시킬 수 있는 사고들을 예방할 수 있는 중요한 도구이다. 앞선 교육 이론들에서 설명했듯이 적용하는 데에 충분한 연습을 통해 거부감 없이 착용할 수 있도록 유도해야 한다. 특히 입마개가 필요한 개들은 예민하고 공격적일 수 있어 충분한 연습 없이 입마개를 착용하게 될 경우 또 다른 사고를 발생시킬 수 있다. 현재 법정 맹견 지정 품종들 외에는 입마개를 착용하는 데에 법적인 의무가 있지는 않지만, 모두의 안전을 위해 보호자 스스로 판단하여 자신의 개에게 입마개를 착용시킬 수 있어야 한다.

동물병원에서 진료 시 종사자들 역시 입마개를 적극적으로 사용하여 안전을 보장할 수 있어야 하며 이에 대한 사회적 합의 역시 필요하다.

간혹 산책 시 바닥에서 아무거나 주워 먹는 개들에서도 건강을 위해 입마개가 필요한 경우도 있다.

사회적으로도 입마개를 착용한 개가 위험할 것이라고 낙인찍으며 불편한 시선을 보내기보다는 교육과 안전을 위해 입마개를 착용하고 있음을 인지하고 개를 자극하거나 불편하게 하는 행동을 삼가해야 한다.

혐오 자극을 통해 회피하게 하여 보호자가 원하지 않는 행동을 못하게 하는 도구들도 존재한다. 대표적으로 짖음 방지 목걸이를 예시로 들 수 있다. 앞선 체벌 부분에

그림 94 젠틀리더를 착용하고 있는 개.

서 설명했듯이 이 도구는 종종 효과가 없고 오히려 학대를 유도하기 때문에 권장되지 않는다. 사물을 물거나 핥는 것을 방지하기 위해 고미제 등 쓴맛이 나는 제품들도 출시되고 있다. 이러한 도구들은 물거나 핥는 욕구를 본질적으로 해소해 주는 것이 아닌 단순한 그 물건에 대한 회피만은 유도하므로 다른 문제 행동으로 대치될 가능성이 높다. 따라서 이러한 도구를 사용할 경우 대신 할 수 있는 행동이나 제품들을 충분히 제공해 주어 원하지 않는 것을 물거나 핥지 않도록 할 수 있다.

간혹 행동 문제를 해결하기 위해 성대 수술, 발톱 제거 수술(declaw) 등이 진행되기도 하는데 이러한 수술들 역시 본질적으로 문제를 해결하기보다는 단순히 보호자의 즉각적인 편의를 위한 목적인 경우가 많고, 오히려 전세계적으로 동물 학대로 간주되는 수술들로서 권장되지 않는다.

소위 문제로 간주되는 다양한 행동들을 개선하기 위해서는 앞선 트레이닝 이론들을 올바른 방법으로 꾸준히 적용함과 동시에 트레이닝 도구들을 적절하게 사용하며, 행동에 과도한 불안과 흥분 등이 기저에 있어 약물 치료가 필요할 경우 적절하게 활용하여 본질적으로 문제를 해결하기 위해 보호자와 종사자 모두의 적극적인 노력이 필요하다.

CHAPTER

5

사회 행동

학습
목표

- 사회적 동물에는 어떤 종류가 있는지 알아본다.
- 그 동물 종이 사회를 구성함으로써 어떠한 생태학적 이득을 얻는지 이해한다.
- 그 동물 종이 스스로에게 유리하면서도 평화로운 사회를 유지하기 위해 어떠한 행동을 발달시켰는지 알아본다.
- 많은 반려동물이 사회적 동물로서 사람과의 유대가 중요함을 이해하고 그 종의 사회적 욕구를 충족시키기 위해 보호자로서, 그리고 종사자로서 어떻게 동물을 대해야 하는지 토의해 본다.

5 사회 행동

어떠한 동물 종들은 단독으로 생활하지 않고 어떤 형태로든지 2개체 이상이 모여 상호관계를 맺고 살아가고 있다. 이러한 형태의 교류를 통해 생태학적 이득을 취하는 동물 종들을 사회적 동물이라고 한다. 대표적으로 사람은(현 시점 1인가구도 많이 늘어나는 추세이기는 하나) 기본적으로 작게는 가족, 크게는 지역 사회, 국가 등의 사회를 형성하고 그 사회 안의 시스템에 의해 보호 받고, 통일된 언어와 규칙을 따름으로써 효과적으로 번성해 왔다고 할 수 있다.

1 무리와 사회

동물이 2개체 이상이 모여 있는 형태를 무리라고 한다(참고: 영어권에서 무리라는 용어는 다양한 동물에서 다양하게 표현된다. 보통 새들의 무리는 flock이라고 표현되며, 소 등 발굽이 있는 초식동물류의 무리는 herd라고 표현된다. 사자의 무리는 특이하게 pride라는 용어를 사용하며 보통 수컷을 중심으로 한 계층 사회를 의미한다. 늑대 등 개과의 무리는 pack이라는 용어를 사용한다). 또한 단순히 동물들이 모여 있을 뿐 아니라 동물들 사이에 긴밀한 의사소통이 오가며 상호관계를 맺고 사는 경우 이를 사회라고 한다.

동물이 단독 생활을 하는 것보다 무리를 형성하는 데에는 많은 이점이 있다. 무리의 일원들끼리 역할 분담이 가능하여 초식동물의 경우 보다 빠르게 포식자의 공격에 대해 인지하고 경고할 수 있다. 또한 여러 마리가 함께 움직임으로서 포식자로부터 사냥 당할 확률을 줄일 수 있을 뿐 아니라 극한의 경우 포식자를 함께 공격하여 방어할

그림 95　초식동물의 무리(herd)

그림 96　개의 무리

수도 있으며, 무리의 어린 새끼들을 함께 보호할 수 있다. 먹이를 공유해야 하는 단점보다는 먹이를 빨리 찾아낼 수 있고, 육식동물의 경우 함께 더 큰 사냥감을 획득할 수 있다는 장점도 있다. 또한 번식 상대를 탐색하기 위해 넓은 범위를 헤매며 에너지를 낭비하지 않고 무리 내에서 번식이 가능하여 번식 효율을 증가시킬 수 있고 새끼들을 보다 잘 보호할 수 있다. 이러한 무리 형성의 이점 때문에 많은 동물 종들이 무리를 형성하고 그 무리를 평화롭게 유지하기 위한 사회 행동을 발달시켰다.

많은 반려동물과 가축이 대체로 사회를 이루고 사는 야생동물에서 비롯되었고 이 때문에 초기 인류가 이 동물 종들을 가축화(domestication)하고 길들이기(tame)가 훨씬 용이했다는 견해도 있다. 개의 경우 대표적인 사회적 동물로서 친척 격인 늑대와 비슷하게 여러 마리가 모여 역할을 분담하고 사냥감을 공유하는 등 발달된 사회를 형성한다. 개가 함께 사는 보호자를 같은 종의 일원으로 인식하는지 다른 종의 동물이지만 흔쾌히 자신들의 무리와 사회의 일원으로 인정하는지에 대해서는 아직 밝혀지지 않았으나 개들끼리 유대를 표현하는 행동을 사람에게도 똑같이 보이기도 한다.

고양이는 단독 생활을 선호하는 동물로 오해를 많이 받는 동물들 중 하나인데 우리가 그렇게 인식하게 된 이유는 고양이가 사냥을 혼자 하는 동물이기 때문이다. 고양

그림 97 길고양이의 작은 무리

그림 98 고양이들 사이의 유대 관계는 중요하다. (좌)
그림 99 외동묘의 경우 고양이가 필요로 하는 사회적 유대로 인한 안정감을 보호자가 충족시켜
주어야 한다. (우)

이는 주로 작은 쥐나 새 종류를 먹잇감으로 삼기 때문에 단독 사냥이 유리하다. 그러나 고양이는 사냥 외에는 개와 마찬가지로 여러 마리가 발달된 사회를 구성하고 함께 새끼를 양육하거나 영역을 방어하기도 한다. 고양이 역시 사회적 유대를 중요하게 생각하며 특히 보호자와의 유대는 고양이의 삶의 질에 중요한 영향을 미친다. 외동묘의 경우 사회적 유대를 보호자에게서만 충족하기 때문에 보호자에게 집착하거나 혼자 떨어져 있을 때 불안해 하는 행동을 보이기도 한다.

2 무리의 형태

이 책의 서두에서 언급했듯이 언제나 특정 종에서 선호하는 행동의 경향성은 존재하지만 절대적으로 단독 생활을 한다거나 사회를 이룬다거나 하는 편견은 지양하는 것이 좋다.

(1) 단독생활

사자를 제외한 대부분의 야생 고양이과 동물들은 단독 생활을 선호한다. 호랑이, 표범 등의 대형 고양이과 동물은 번식기 이외에는 다른 개체가 자신의 영역으로 들어오는 것을 허용하지 않으며 영역을 마킹 행동(marking behavior)을 통해 표시하고 외부 개체가 침입하는 것을 방어하고자 한다. 새끼들 역시 일정 기간 양육하고 나서는 영역 밖으로 쫓아낸다. 그러나 단독 생활을 하는 것으로 알려진 치타에서 독립한 어린 형제들이 작은 무리를 이루어 함께 사냥을 하는 등 예외의 경우들이 확인되기도 한다.

고양이는 사회를 이루어 함께 새끼를 양육하거나 보금지리를 공유하지만 사냥은 혼자 하는 것을 선호한다. 그러나 일부 고양이들은 영역과 보금자리 등을 단독으로 차지하고 혼자 생활하는 것을 선택하기도 한다.

> * 고양이들은 특히 선호하는 사회의 형태가 개체들마다 크게 다르기 때문에 보호자는 자신의 고양이의 성향을 잘 파악하여 각 개체의 사회적 요구를 충족시켜줄 필요가 있다.

햄스터 역시 야생의 원종은 넓은 영역을 단독으로 사용하고 다른 개체를 공격하여 영역 밖으로 내쫓는 행동을 보일 수 있어 사육장을 단독으로 구성해 주어야 한다. 특히 새끼를 낳은 어미 햄스터의 경우 다른 개체의 침범으로 큰 스트레스를 받아 새끼를 잡아먹는 카니발리즘(cannibalism)을 보일 수 있어 반드시 단독 사육장을 조용하고 어두운 장소에 따로 구성해 주어야 한다.

고슴도치의 경우 행동 반경이 넓은 편은 아니지만 단독 생활을 선호하고 영역을 다른 개체들과 공유하지 않는다. 좁은 공간에 함께 키울 경우 등의 가시로 서로를 밀어내는 방식의 싸움을 할 수 있으며 이 과정에서 서로 눈을 다치는 경우가 많아 반드

그림 100 단독생활을 선호하는 수컷 베타. 어항을 따로 제공해야 한다. 어항 사이에는 서로가 보이지 않도록 가림막을 해주어야 한다.

시 각 개체별 단독 공간이나 은신처를 제공해 주어야 한다.

관상어로 많이 사육되는 베타(betta fish)의 경우 특이하게 수컷들끼리는 영역 싸움이 치열하여 원산지인 태국에서는 투어로서 사용되기도 한다(암컷의 경우 이러한 행동이 미미하여 여러 마리를 한 어항에서 사육하는 것이 가능하다). 이러한 종류의 관상어를 반려할 경우 어항을 단독으로 사용해야 한다.

무리를 짓는 것이 일반적인 동물일지라도 종종 단독 생활을 선택한 동물들도 있다. 정상적인 무리와 사회에 섞이지 못했거나 번식을 위해 특정 성별이 일정 기간 동안은 무리와 떨어진 생활을 하기도 한다.

그림 101 일반적으로 대규모의 무리를 짓고 생활을 하는 아프리카 누우가 단독으로 생활하고 있다.

(2) 짝(pair) 형태의 무리

많은 동물이 암수 짝을 이루어 함께 새끼를 양육하고 영역을 방어한다. 일부 물새류는 암수가 짝을 이루고 그 짝을 평생에 걸쳐 유지하는 것으로 알려져 있다. 이러한 혼인 제도를 유지함으로써 동물은 번식기에 상대를 찾는 에너지를 줄이고 대신 새끼를 함께 양육하는 데에 에너지를 보다 사용함으로써 번식 효율을 높일 수 있다.

(3) 일부다처제(하렘, harem)

한 마리의 우세한 수컷이 여러 암컷을 거느리고 무리 생활을 하는 사회 형태를 의미한다. 수컷끼리는 자신의 영역과 암컷, 그 자손들을 보호하기 위해 서로 경쟁하게 된다. 바다코끼리, 바다사자 등의 대형 해양 포유류에서 이러한 사회가 잘 관찰된다. 또한 사슴, 영양 류 등 발굽이 있는 초식 동물들에서도 수컷이 대규모 암컷의 무리를 거느리는 사회를 형성한다.

그림 102 암컷과 새끼들로 구성된 가젤 영양의 무리. 몇 마리의 수컷이 많은 암컷을 거느린 사회를 형성하여 번식한다.

그림 103 남아프리카 해변에 서식하는 물개의 무리. 수컷 한 마리가 많은 암컷을 거느린 사회를 형성하여 번식한다. 이런 사회를 이루는 동물 종들의 수컷은 끊임없이 번식을 위해 도전해 오는 다른 수컷의 공격을 방어하며 살아간다.

(3) 복합 사회구조

성별, 연령 등이 다양하게 분포하고 있으며 여러 마리가 영역과 자원을 공유하기 때문에 사회적 순위가 형성되는 무리를 의미한다. 영장류, 개과 등 고도로 발달된 포유류에서 이러한 사회 구조를 형성하는 경향을 보인다.

복합 사회 구조를 형성한 동물의 대표적인 예시는 개과 동물이다. 늑대를 포함한 개과 동물은 대부분 무리를 형성하고 영역을 수호하며 다른 무리, 다른 영역 개체들과는 배타적인 관계를 형성한다. 또한 무리 내에서는 사회적 순위를 형성하기 위한 투쟁이 종종 발생할 수 있다. 사회적 순위, 즉 서열에 대한 내용은 다음에서 서술한다.

그림 104 코끼리는 암컷들과 어린 새끼들을 중심으로 한 복잡한 사회 구조를 가지는 것으로 알려져 있다.

3 │ 사회적 순위(서열)

사회는 필연적으로 여러 마리가 같은 자원을 공유하게 되고, 따라서 무리의 구성원들 사이에 자원에 대한 순서를 정해야 하는 경우가 발생한다. 이를 사회적 순위(서열)라고 한다. 보통 사회적 순위가 높은 동물을 우위에 있다고 표현하며(dominant), 사회적 순위가 낮은 동물은 열위라고 지칭한다(submissive). 이러한 우열 관계는 동물 종이나 무리에 따라 고정적인 계급 사회를 형성하고 있을 수도 있고, 동물들 간의 관계나 처하는 상황에 따라 그 순위가 유동적으로 변화하기도 한다. 또한 계급이 형성되었다고 할지라도 열위의 동물이 우위를 투쟁을 통해 차지함으로써 서열이 변화하기도 한다.

사육되는 암탉의 무리는 절대적인 서열 사회를 이루는 것으로 알려져 있다. 암탉들은 먹이를 먹는 순서를 철저하게 사수하는데 이를 pecking order(모이를 쪼는 순서)라고 한다. 서열이 형성된 암탉 무리는 우두머리부터 순서대로 모이를 차지하며 하위 서열에 대해 배타적인 행동을 취한다. 이때 이 무리에 다른 개체가 유입되거나 빠지게 되는 경우 새롭게 서열을 정하기 위해 투쟁이 발생하며 이는 사육 농가에 큰 손실을 초래하기도 한다. 이러한 싸움으로 인한 손실을 방지하기 위해 최근까지도 닭의 부리를 잘라서 사육하기도 하였다(현대 사회에서 닭의 부리를 자르는 것은 심각한 동물복지에 대한 침해라고 간주하여 우리나라를 포함한 여러 국가에서는 법으로 금지되어 있다). 무리에서 절대적인 순위를 형성하는 닭의 행동과 생태를 이해한다면 부리를 자르는 것 대신 고정적인 무리를 구성해 주어 싸움을 최소화하는 것으로 손실을 최소화하는 것이 가능하다.

이러한 절대적인 계급 사회를 이루는 일부 동물 종들 외에 대부분의 동물 사회의 서열은 유동적인 것으로 알려져 있다. 절대적인 계급 사회로 보이는 하렘 형태의 동물 무리에서도 우두머리 개체는 끊임없는 하위 서열 동물들로 인한 투쟁으로 인해 수시로 바뀌고 있다.

최신 동물행동학 분야에서 서열은 외나무다리에서 두 마리의 동물이 마주쳤을 때 동물들이 어떻게 그 상황을 해결하는가 문제로 설명한다. 어떤 동물은 다리를 양보하고 상대가 먼저 지나가게 함으로써 긴장 상황을 평화롭게 종결할 수 있다. 이러한 태도를 취하는 동물을 submissive라고 표현하며 이 동물이 꼭 상대에 비해 약하고 비굴하고 서열이 낮고 열등하기보다는 그것을 가장 평화롭고 서로 충돌이 적을 수 있는 방법으로 판단하여 선택했다고 본다. 반면 그대로 상대를 제치고 지나가는 동물을 dominant라고 표현한다. 강하고 자신감이 있으며 서열이 높아서일 수도 있지만 그 동물은 그냥 상대를 무시하고 지나가는 것이 가장 평화롭고 스스로에게 이득이 된다고 판단하여 그 행동을 선택했다고 보기도 한다. 각 동물이 각 행동을 선택하게 되는 배경은 첫 단원에서 설명했듯이 유전적, 환경적, 그 외 모든 요소들이며, 당연히 동물마다 같은 상황에서 선택하는 행동은 다를 수 있다. 또한 그 행동 역시 고정적인 것은 아니며 상황에 따라 얼마든지 변동이 가능하기도 한다.

사회적 동물들이 구성 사회 내에서 서열을 형성하는 가장 큰 이유는 방금 언급한

그림 105 줄을 서서 기다리고 있는 사람들. 이렇듯 어떠한 순서를 정하는 것은 한정된 자원을 투쟁 없이 공유하기 위한 생존 방식이라고 할 수 있다.

그림 106 물을 마시는 순서로 확인할 수 있는 개들 간의 서열. 첫 번째 사진에서는 누렁개가 먼저 물을 마시고 얼룩개가 기다리고 있지만 두 번째 사진에서는 얼룩개가 먼저 물을 마시고 누렁개가 기다리고 있다. 세 번째 사진에서는 두 마리가 동시에 물을 마시고 있다. 물을 먼저 마시는 개가 서열이 높은 것이라면 개들의 서열은 유동적이고 상황에 따라 충분히 변동이 가능하다는 것을 알 수 있다. 혹은 자원이 풍족하고 개들 간의 관계가 비교적 우호적이라면 그 사회의 서열이라는 것 자체는 크게 중요하지 않다고도 볼 수 있다.

외나무다리를 마주 보고 건너야 하는 것처럼 한정된 자원을 가지고 개체 간 발생할 수 있는 불필요한 경쟁이나 마찰을 줄여야 하기 때문이다.

　예를 들어 버스 한 대에 열 명의 사람이 타려고 한다고 생각해보자. 일반적인 경우라면 도착한 순서대로 줄을 서거나, 성씨 순서, 나이 등 사회에서 정한 어떤 규칙에 의해 줄을 서거나, 가위바위보 등의 투쟁을 통해 순서를 쟁취해 가며 줄을 설 수 있을 것이다. 이러한 줄 서기 없이 무작위로 같은 버스에 타려고 모든 개체가 시도하게 된다면 불필요한 투쟁이 발생하고 심각한 물리적 싸움으로 인해 스스로가 손상을 입을 가능성도 발생할 수 있다.

　동물이 부상을 입는 것은 야생에서의 도태를 의미한다. 따라서 동물은 가급적 직접적인 투쟁 등 서로 간의 물리적 충돌을 피하고자 하는데 서열은 그 충돌을 회피하고 자원을 평화롭게 배분하기 위한 순서를 만드는 것으로 생각할 수 있다.

그림 107 같은 잠자리를 공유하고 있는 개들. 모든 개들이 모든 상황에서 절대적인 서열에 따라 자원을 차지하는 것은 아니다. 서열이 중요하지 않은 관계도 있으며, 서열이 있다 할지라도 서열과 관계없이 주요 자원을 공유할 수도 있다.

그림 108 개들 간의 싸움은 종종 스스로와 상대에게 생명을 위협하는 심각한 부상을 초래할 수도 있다. 따라서 대부분의 동물들은 직접적인 물리적 충돌은 가급적 피하려고 한다.

또한 우위에 있는 개체들은 대체로 건강하고 그 생태 환경에서 생존 가능성이 높으며, 이러한 개체들이 번식 기회를 차지함으로써 후대에 보다 생존에 유리한 유전자를 남길 수 있고, 궁극적으로 종의 영속 가능성이 높아진다. 한 세대 안에서도 우위에 있는 개체들이 자원을 확보하고 무리를 이끄는 능력이 높을수록 무리 전체의 생존 가능성이 높아진다.

서열에 영향을 줄 수 있는 요인에는 여러 가지가 있다. 대체로 몸의 크기가 클수록 다른 개체들에게 본능적인 압박감을 주어 서열이 높아지는 경향이 있다. 이에 따라 보통 포유류에서는 호르몬에 의해 수컷이 몸의 크기가 암컷보다 큰 경우가 많아 수컷이 서열이 높아지는 경우도 발생한다.

뿔, 발톱, 이빨, 발굽 등 무기로 사용될 수 있는 신체 분위가 잘 발달되었을 경우

그림 109 크기 차이가 나는 개들의 경우 대체로 큰 개가 우위를 차지할 가능성이 높다. 그러나 개들의 서열은 꼭 몸의 크기와 관계가 없으며, 그보다는 각 개체의 성향이나 기질(temperament)이 좌우하는 경우가 많다.

그 무기를 사용하는 투쟁에서 승리할 가능성이 높아지며 이럴 경우 무기의 크기와 발달 정도가 서열을 결정하기도 한다. 소, 사슴 등 뿔이 있는 동물에서는 종종 뿔의 크기와 발달 정도로 투쟁 없이 높은 서열을 차지하는 경우도 있다.

몸의 크기와 무기가 작아도 그 개체의 기질상 호전적이거나 서열에 대한 본능적인 관심이 있는 경우 외부적인 조건과 관계없이 높은 서열을 차지하기도 한다. 대형견과 소형견을 함께 키우는 보호자들은 종종 소형견이 작은데도 서열이 높은 것 같다는 언급을 하기도 한다. 이러한 개체 성향은 외부적인 조건, 성별 등을 초월하여 무리에서 가장 높은 서열을 차지하게 하기도 한다. 침팬지, 오랑우탄과 같은 영장류나 야생마에서는 몸의 크기보다는 호전적인 개체가 높은 서열을 차지한다고 알려져 있다.

사회적인 관계에 따라 서열이 움직이기도 한다. 서열이 낮은 개체가 서열이 높은 개체와 우호적인 관계를 이루고 있다면 무리에서 서열이 높아지기도 한다. 늑대 사회에서 우두머리 늑대와 혼인 관계인 늑대의 서열은 우두머리와 비슷한 정도로 올라가게 되는 것으로 알려져 있다(늑대의 우두머리는 수컷일 수도, 암컷일 수도 있다).

다견가정에서 개들끼리의 서열이 정해진 상태에서 보호자(개들 입장에서는 가장 중요한 자원)가 서열이 낮은 개를 편애한다면(자원을 가장 많이 먼저 차지한다면) 개들 사회에서는 혼란이 일어나게 되며 종종 이를 불공정하게 여긴 개체가 공격성을 보이거나 서열이 낮은 개가 상대를 무리하게 공격하는 경우도 생길 수 있다.

최근까지도 개의 문제 행동을 사람과의 서열 문제로 간주하여 잘못된 훈련이 진행되는 경우가 많다. 일례로 개의 사람에 대한 공격성을 개가 사람보다 서열이 높기 때문에 공격한다는 우위공격성(dominant aggression)으로 오인하는 경우가 아주 흔하다. 보호자가 서열이 높아야 하기 때문에 이를 이루기 위해 개를 강압적이고 공격적으로 대해 제압하는 것을 가르치기도 한다. 그러나 이러한 훈련은 완전히 잘못된 것이다.

그림 110 잠자리가 각 동물에게 공평하게 제공되고 각자의 음식을 각자의 공간에서 차지할 수 있도록 제공된다면 이 동물들은 선호하는 잠자리와 음식을 차지하기 위한 불필요한 경쟁을 할 필요가 없어진다. 동물끼리의 서열 싸움은 많은 경우 부족한 자원에서 기인하거나 서로의 욕망이 중첩될 때 일어날 수 있다. 따라서 그러한 경쟁 상황에 처하지 않도록 관리해 준다면 동거 동물들끼리의 갈등 상황을 많은 부분 해결할 수 있다.

첫 번째로 개와 사람은 획득하고자 하는 자원이 다를 뿐만 아니라 그 자원을 위해 경쟁해야 하는 관계도 아니기 때문에 사회적 순위를 정할 필요가 없는 관계임을 이해해야 한다. 사람은 개의 사료를 탐내서 가로채는 존재도 아니고 산책을 할 때 앞장서서 영역을 개척하고 무리를 방어해야 하는 존재도 아니다. 대부분의 반려견들 역시 사람과 자원을 위해 경쟁할 대상이 아님을 이해하고 있으며 서로 다른 의사소통 방식을 취하는 서로 다른 종의 동물이라는 것도 이해하고 있다.

두 번째로 설사 개가 잘못된 교육과 경험 등을 통해 불필요하게 사람과 서열 경쟁을 하고 있다 하더라도 사람이 개에게 서열을 관철시키기 위해 강압적이고 공격적으로 개를 위협하고 강제하는 것은 학대라는 것을 받아들여야 한다. 이러한 방식은 개에게 불안과 공포만을 조장하고 개에게 사람과의 규칙을 납득시키는 것이 아닌 그 순간만을 회피하게 하며 사람과의 관계를 더욱 악화시킬 가능성이 아주 높다.

개의 많은 문제 행동들의 원인은 사람과의 서열 관계에서 오는 것이 아님을 많은 연구들이 증명하고 있으며 서열 관계로 행동 문제를 다루고자 하는 것은 중요하게 해결해야 하는 원인들을 모조리 무시하고 오로지 힘으로 윽박지르고 위협하여 개가 그 순간 사람의 지시에 따르도록 하는 것에 지나지 않는다.

교육이라는 것은 교육 받는 대상이 스스로 올바른 행동을 선택할 수 있도록 그 행동에 적절한 보상이 있을 것이라는 보호자와의 신뢰 관계를 구축하는 것이며 이를 통해 자연스럽게 관계를 회복하는 것으로 서열과는 역시 상관이 없다. 사람의 높은 서열을 위해 단순히 개를 위협하여 말을 듣게 하는 것은 카리스마가 넘치는 리더의 모습이라고 할 수 없으며 오히려 문제를 회피하는 방식으로 결코 교육이라고 할 수 없다. 제대로 원인들을 해결하지 않고 서열만으로도 동물을 위협하고 제제하려고 하는 방식은 오히려 동물에게 트라우마를 유발할 수 있는 학대가 될 수 있음을 명심해야 한다.

4 영역

어떤 동물들은 한 개체 혹은 한 집단이 일정 지역을 차지하고 다른 개체나 집단이 그 지역을 침범하는 것을 방어하려고 한다. 이때 이 지역의 범위를 행동권(home range)라고 한다. 행동권 내에는 안전한 휴식 공간, 먹이를 탐색하고 사냥하는 공간, 물이 있는 공간, 짝짓기 상대를 탐색하는 공간 등이 포함된다. 휴식 공간을 포함한 주요 생활 공간을 세력권(territory)이라고 하며 다른 개체나 집단과 행동권을 일부 공유한다 하더라도 세력권은 가급적이면 공유하지 않으려고 한다.

* 행동권, 세력권, 영역은 한국어에서는 종종 혼동되어 사용된다. 예를 들어 territorial aggression 은 영역 공격성으로 번역되고 있다.

개에서 세력권은 좁게는 잠자리, 주로 생활하는 집 공간이라고 한다면 영역은 산책을 하는 넓은 범위를 의미할 수도 있다. 따라서 산책로는 다른 개체들과 공유가 가능하며 마킹 행동을 통해 서로 영역에 대한 표현을 할 수 있지만 집, 그리고 잠자리를 다른 집단의 개체가 침범하는 것은 용납하는 경우가 드물다. 개가 현관문 밖의 소음에 짖음으로써 상대를 그 곳에서 물러나게 하는 것은 자신의 절대적인 세력권을 방어하

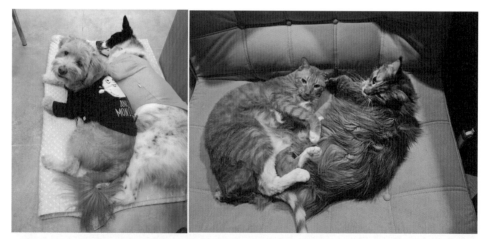

그림 111 같은 무리의 친한 개체들끼리는 핵심 잠자리 등의 영역이나 자원의 공유가 어느 정도 가능한 부분도 있다.

기 위한 행동인 것이다(영역 공격성이라는 용어보다는 세력권 보호 공격성이라는 표현이 더욱 적절할 수 있으나 보통 한국 표현에서는 두 가지를 혼용해서 사용하기도 한다).

사자를 제외한 대형 고양이류는 번식 기간 외에는 대체로 단독 생활을 선호하며 넓은 영역을 차지하고 그 영역을 배회하며 마킹 행동을 통해 영역을 수호한다. 또한 다른 개체가 영역을 침범하면 격렬한 투쟁이 발생하기도 하며 그 투쟁을 통해 영역의 주인이 바뀌는 경우도 발생한다.

늑대류는 견고한 가족 단위 사회를 구성하고 넓은 영역을 차지하며 그 영역 내에서 사냥을 한다. 다른 무리들끼리 일부 물을 먹는 공간이나 사냥터를 공유하는 경우도 있지만 핵심 지역, 즉 잠자리를 포함한 세력권은 가급적 타 무리와 공유하지 않으며 침범하는 개체나 무리가 있을 시 적극적인 투쟁을 통해 영역을 수호한다.

고양이 역시 영역 동물로서 길고양이들은 소규모 무리를 구성하고 그 무리의 구성원들만 그 영역을 공유한다. 또한 영역을 침범하는 개체에 대해 방어적인 행동을 보인다. 종종 집고양이가 창밖의 길고양이를 보며 불안해하고 종종 공격성을 보이는 경우가 있는데, 이는 영역 내에 다른 고양이가 침범했다고 여기기 때문이다. 따라서 커튼을 쳐주는 등 고양이가 외부를 볼 수 있는 기회를 차단함으로써 고양이가 불필요하게 영역을 방어해야 함으로써 받는 스트레스와 불안을 줄일 수 있다.

5 사회 행동

(1) 공격행동(aggressive behavior)

동물이 다른 개체와의 다양한 마찰과 관련된 상황을 해결하기 위해 상대에게 위협을 가하거나, 직접적인 물리적 상해를 입히는 행동을 의미한다. 먹이, 물, 공간, 잠자리 등 생활하는 데에 필요한 자원이나, 번식을 위한 이성, 활동 영역을 확보하기 위해서 상대를 공격하여 쫓아내려고 할 수 있다. 보호해야 할 새끼가 있거나 사냥을 위해서도 다른 개체나 동물에게 공격성이 발생할 수도 있다. 공격 행동은 스스로를 보호하고 자원을 확보하기 위해 중요한 사회 행동이자 정상 커뮤니케이션 수단이나, 사람과 함께 사는 동물에서 종종 문제 행동으로 간주될 수 있고 질병과 연관되어 있을 경우

그림 112 시선을 돌려 대면 상황을 회피하는 개

치료, 혹은 관리가 필요한 행동이기도 하다.

야생 상태에서는 부상을 입는 것이 곧 도태를 의미할 수 있기 때문에 많은 동물들이 스스로의 안전을 위해 직접적인 공격 행동 대신 과장된 표현으로 위협을 하는 등의 소극적인 방법을 통해 상대를 쫓아내고 원하는 상황을 획득하려고 한다. 상대를 공격할 의지가 있다는 것을 알리는 한편, 가까이 오지 않으면 공격하지 않겠다는 방어적인 표현이기도 하다.

마찰 상태를 회피함으로써 직접적인 물리적 충돌을 피하기도 한다. 개의 경우 이전 단원에서 언급했듯이 몸의 자세를 낮추고 시선을 회피하여 몸을 정면에서 비스듬한 각도로 움직여 상대의 뒤쪽을 향함으로써 대면으로 인한 긴장을 최소화하려고 한다. 많은 사회적인 동물들 역시 직접 마주보는 것을 피하며 가급적 물리적 충돌을 회피하려고 한다.

직접적인 물리적 충돌을 피하기 위해 과장된 과시 행동을 통해 상대를 겁을 주어 쫓아내려는 행동들을 할 수 있다. 번식기의 까치둥지 밑을 지날 때 까치들이 시끄럽게 울거나 공격을 하려는 듯 위협적인 비행을 하는 것은 둥지로 가까이 오지 말라는 위협 행동이라고 할 수 있다.

한편으로는 많은 동물들이 번식을 위해 치열한 싸움을 벌이고 심각한 부상을 입은 동물이 도태되는 경우도 존재하며, 사냥 등 직접적으로 상대를 죽이기 위해 발생하는 공격 행동(predatory aggression) 역시 존재한다. 자원이 한정되고 환경이 열악한 경우

그림 113 위협하는 고양이의 자세. 이 고양이는 몸의 자세를 높이고 털을 세워 몸의 크기를 과장되게 부풀린 상태로, 귀는 옆으로 돌아가 있고, 꼬리는 ㄱ자로 내려가 있어 상대가 가까이 다가오면 직접적으로 공격을 하겠다는 위협을 가하고 있음을 알 수 있다.

개체 간의 경쟁과 갈등이 심화되어 공격 행동이 정상적인 환경에서보다 심화되는 경우도 있다.

　많은 동물들이 스스로의 영역이나 세력권을 수호하고 영역 내의 자원을 타 개체와 공유하지 않기 위해서 영역 공격성(territorial aggression)을 보인다. 많다. 개과의 동물들은 무리를 이루어 넓은 영역을 차지하고 다른 무리나 개체가 영역 내에 침입하지 못하도록 수호한다. 개가 낯선 사람이 집에 들어올 때 짖는 이유 중의 하나는 영역 내에 무리의 일원이 아닌 개체가 침입했다고 인식하기 때문이다.

　고양이과 역시 대부분 영역 동물로 사자는 각각의 무리(pride)가 넓은 영역을 차지하고 영역 경계에서 싸움이 벌어지며, 단독 생활을 하는 호랑이나 표범 등의 동물들은 번식기나 새끼를 양육할 때 이외에는 무리조차 이루지 않고 오로지 영역을 혼자 차지한다. 이러한 고양이과 동물들은 번식기 때는 영역을 벗어나 상당히 많은 거리를 이동하여 상대를 찾기도 한다. 설표 등 멸종위기로 개체가 드물고 서식지가 좁아진 일부 고양이과 동물들은 근친 교배를 하는 등의 상황이 발생하여 유전적으로 취약한 후손들이 발생하고 종 자체의 존속이 불안정해지는 경우도 있다. 길고양이 역시 대체로 소수의 개체가 무리를 형성하고 다른 무리로부터 영역을 수호하며 살아간다.

　고통, 통증으로 인해 공격성이 발생하기도 한다. 공격성을 보이지 않던 동물이 갑작스럽게 공격성을 보이게 되는 경우 신체에 불편함이나 이상이 없는지 수의학적인

그림 114 낯선 사람이 갑자기 만지려고 하자 고개를 돌려 위협 하는 개(실제로 물리적인 손상을 입히는 직접적인 공격 행동이 발생하지는 않았다). 몸의 자세가 낮고, 꼬리가 말려 내려가 있는 것을 보아 두려움이 기반이 된 방어적인 공격 행동이라는 것을 알 수 있다. 많은 동물들이 두려운 상황에 대한 자기 방어를 위한 공격 행동을 보일 수 있다. 또한 사람에 대한 사회성이 좋은 개라고 할지라도 낯선 사람의 갑작스러운 터치는 얼마든지 두려운 것이 될 수 있다.

확인이 반드시 필요하다. 공격성을 비롯한 많은 문제행동들이 통증이나 불편감으로 인해 발생한다. 특정 신체 부위를 만질 때 거부하거나 공격성을 보인다면 그 부위에 대한 정밀한 진료가 필요할 수 있다.

공포나 불안 등의 심리적인 원인으로도 공격성을 보일 수 있다. 극도로 두려워하는 자극이나 상황에서 벗어나기 위해 공격성을 이용하는 것이다. 공포나 불안의 정도는 개체마다 다르며 종종 어떤 동물들은 명확히 밝혀지지 않은 뇌의 구조, 기능 이상이나 뇌 호르몬의 불균형 등으로 인해 정상적인 상황에서도 극단적인 불안으로 인한 공격성을 보이기도 한다. 일례로 자신이 갖고 있는 것을 빼앗길까봐 지키는 소유 공격성(possessive aggression)의 경우 소유하고 싶은 자원의 부족은 물론이고 소유에 대한 불안 자체가 행동의 기저에 있는 경우가 많다. 간혹 이러한 공격성을 서열의 문제로 간주하여 '훈련', '교정'하려고 하기도 하는데 앞서 기술했듯이 사람과 동물은 소유하고 싶은 물건을 공유하지 않기 때문에 서열을 정하는 의미가 없으며 그보다는 '그것을 빼앗길지도 모른다는 불안'이 원인이 되는 경우가 많다.

고통이나 불안으로 인한 공격성은 직접적으로 상대에게 위해를 가하려는 목적 보다는 스스로를 방어하고 상황을 회피하려는 목적이 더 강하다. 대부분의 반려동물이 사람에게 공격성을 보이는 가장 큰 원인은 고통이나 불안, 공포이며, 이러한 공격성을 개선하기 위해서는 원인이 되는 통증과 불안을 해결해 주는 것이 1차적으로 필요하다. 종종 노화나 종양 등의 질병으로 인한 뇌신경학적인 변화로 공격성이 발생할 수 있는데 이 또한 치료 및 관리가 필요하다.

동물병원에 내원하는 동물들은 신체의 불편감, 고통뿐만 아니라 낯선 환경에서

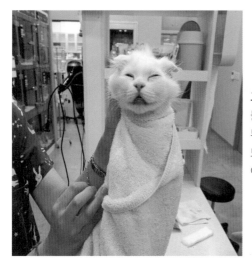

그림 115 수건으로 감싸 보정한 고양이. 몸이 불편하고 낯선 장소에 옮겨져 있는 고양이는 대부분 예민해져 있으며 무는 것은 물론이고 네 발모두로 종사자를 공격하여 큰 부상을 입힐 수 있어 진료 시 보정에 특히 주의가 필요하다.

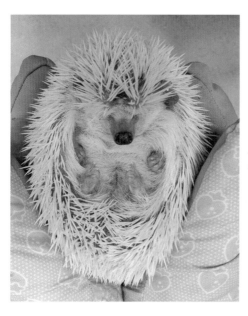

그림 116 보호 장갑을 착용하고 고슴도치 진료를 진행하고 있다.

낯선 사람들이 낯선 조작을 하는 것에 긴장과 불안, 공포가 높아져 공격성을 보일 수 있다. 따라서 종사자는 내원 동물이 공격성을 보일 수 있음을 충분히 인지하고 종사자와 동물 모두의 안전을 위해 진료 시 입마개, 넥카라, 수건, 보호 장갑 등을 적극적으로 사용하여 보정하는 것에 익숙해져야 한다.

성 성숙 시기나 번식기 등 성호르몬이 우세할 시기에 공격성을 보이는 경우도 있다. 이러한 종류의 공격성은 대체로 같은 성별끼리 발생한다고 알려져 있으며 중성화 수술을 통해 일부 개선되는 경우도 있다고 한다. 물론 다른 성별끼리도 성적 긴장감이

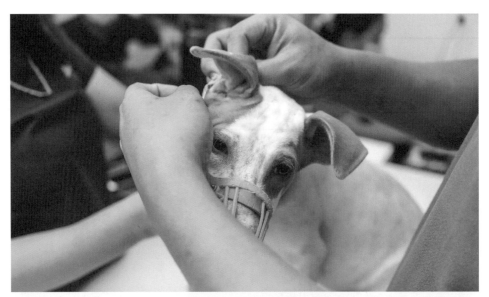

그림 117 동물을 진료할 때에는 종사자와 동물 모두의 안전을 위해 입마개를 적극적으로 활용해야 한다.

그림 118 놀이가 격해지면서 종종 싸움이 발생할 수 있어 항상 보호자가 잘 관찰하고 있어야 한다.

나 흥분으로 인해 싸움이 발생하기도 한다. 또한 새끼를 양육하고 있는 부모 동물들은 새끼를 보호하기 위해 공격성을 보일 수 있다(maternal aggression).

　과도한 흥분이 공격 행동으로 표현되거나 놀이를 하다가 갑작스럽게 싸우는 경우도 발생한다(play aggression). 이러한 공격성은 사회화가 적절하게 이루어지지 못해 동종 동물들끼리의 커뮤니케이션 방법을 잘 배우지 못했거나 흥분 자체를 조절하는 뇌의 기능이 불충분하여 발생할 수 있다.

　개에서 공격성을 심화시킬 수 있는 요인으로는 ② 품종적으로 투견 등 공격성을

그림 119 공공장소에서의 사고를 예방하기 위해 입마개를 착용 중인 개

발휘하는 것을 장점으로 오랜 기간 지속적으로 개량되었거나, ② 교육이나 경험으로 공격 행동이 효과적인 상황 해결 방안이라고 학습이 되어버린 경우, ③ 사회화가 부족하고 보호자의 경험 미숙으로 교육이 잘못된 방향으로 진행되었을 경우, ④ 기질적으로 불안이 높고 공포를 잘 느껴 방어적인 행동이 익숙해져 있는 경우, ⑤ 중성화되지 않은 경우, ⑥ 사람과의 교류가 적고 묶어 키우는 마당개일 경우 ⑦ 어린 아이와 함께 키울 경우 등이 있다고 연구되어 있으나, 제시된 요소들뿐만 아니라 그 외 다양한 요소들이 공격성에 영향을 줄 수 있다. 이 때문에 개에서 공격성을 해결하기 위해서는 다양한 측면에서 교육과 환경 수정이 필요하며 심리적인 부분을 포함하여 밝혀지지 않은 다른 여러 가지 원인들이 존재할 가능성이 높을 경우 약물 치료가 병행되어야 하는 경우가 대부분이다.

공격 행동은 원하는 자원을 상대의 우위에 서서 차지하거나 특정 상황들을 회피함에 있어 정상적인 커뮤니케이션 수단이다. 그러나 사람과 함께 사람의 사회에 속해서 살아가야 하는 반려동물에서는 상대에게 상해를 입힐 수 있는 공격 행동은 위험한 것으로 간주되고 서로의 안전을 위해 꾸준한 관리가 필요한 경우가 더 많다.

반려동물에서 공격 행동을 해결하기 위해서는 공격 행동을 유발하는 원인을 제거하거나 변화시키고, 이전 단원들에서 언급했던 학습 이론들에 기반하여 꾸준한 교육이 진행되어야 한다. 실내외에서 다양한 활동을 진행하여 다양한 경험들을 긍정적으로 할 수 있도록 유도해 주는 것 역시 필요하다. 입마개, 목줄 등 적절한 안전 장비를 사용하

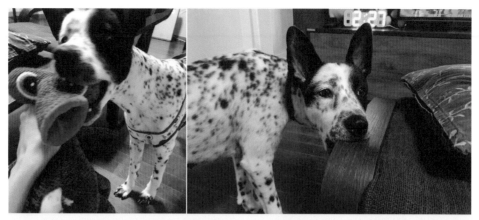

그림 120 다양한 장난감, 놀이 등을 통해 물고 뜯는 행동에 대한 욕구를 대체할 수 있는 행동들을 제시해 주어야 한다.

는 것이 보호자와 동물 모두에게 숙지가 되어야 한다.

또한 많은 경우 흥분, 불안, 충동성 등의 조절이 부족한 경우가 많아 이를 관리할 수 있는 약물 치료가 기반이 되지 않으면 교육 자체가 어렵거나 진행이 더디다. 특히 유전적(품종 소인의 공격성을 나타낼 수 있는 선천적이고 유전적인 질병들 역시 포함한다), 기질적으로 심각한 공격 행동이 발생하거나, 오랜 기간 잘못된 교육과 사회화, 부정적인 경험 등 현재 시점 사람이 변화시킬 수 없는 동물의 과거 이력이 누적되어 공격 행동을 커뮤니케이션 수단으로 잘못 사용하고 있거나, 특정 뇌 호르몬들의 이상, 불균형 등이 원인일 경우 약물 치료가 필수적으로 포함되어야 한다.

사용되는 약물들은 공격 행동을 유발할 수 있는 불안이나 공포의 정도를 완화시켜 주고, 동물 스스로 통제할 수 없는 충동성이나 과장된 행동들을 어느 정도 조절해 줄 수 있다. 이러한 약물 치료를 기반으로 하여 올바른 방법으로 교육이 꾸준히 진행되어야 하고, 공격 행동을 유발할 수 있는 다양한 환경 요인들을 적절히 통제함으로써 공격 행동을 관리한다. 많은 행동 문제들이 그렇듯이 공격성 역시 보호자가 동물의 전 생애에 걸쳐 지속적으로 신경 쓰고 관리해야 하는 경우가 대부분이다.

(2) 놀이행동

놀이 행동은 생존을 위한 특별한 목적 없이 순수하게 '재미'만을 위해 하는 행동들을 의미한다. 놀이는 혼자 할 수도 있고 두 마리 이상의 동물들이 모여서 할 수도 있

그림 121 성견들끼리도 여전히 놀이를 한다.

그림 122 산책은 반려견에서 가장 중요한 놀이 활동이라고 할 수 있다. 안전을 보장한 상태에서 다양한 자극들을 경험하고 체험하도록 유도하는 것이 좋다.

다. 사회 행동으로서의 놀이 행동은 서로간의 유대를 증진시키는 필수적인 역할을 한다. 놀이는 서로를 상처 입히지 않는 선에서 서로 추격하거나 도주하고, 잡거나 물고, 서로 들이받고 뒹구는 행동들이 과장되어 짧게 짧게 일어나는 것이 특징이다. 어린 동물들은 놀이를 통해 부모 동물, 형제 동물들과의 놀이를 통해 운동 신경을 발달시키고, 동종들끼리의 다양한 사회적 대화 스킬을 학습한다. 특히 육식동물에서는 주로 사냥에 대한 연습이, 초식동물에서는 주로 도피에 대한 연습이 이루어지게 된다. 야생 상태에서는 성체 동물들은 놀이를 하는 빈도가 급격하게 줄어들거나 사라진다고 알려져 있지만 여전히 많은 동물들이 성체가 되어서도 놀이 행동을 한다(성체가 되어서도 놀이 행동이 매우 중요한 동물이 대표적으로 개와 사람이라고 한다).

반려동물은 사람과 함께 살 뿐만 아니라 신체 활동이 많은 부분 제한되어 있어 사람과의 놀이가 삶의 질에 무엇보다도 중요한 요소가 된다. 반려동물은 사람과의 적절한 놀이를 통해 적절한 방향으로 신체 에너지가 소모할 수 있고, 함께 살아가는 사람들과의 유대가 증진되어 관계가 개선되는 데에 도움을 줄 수 있다. 동물과 놀이를 할 때는 서로가 다치지 않는 안전한 놀이를 모색하고 다양한 변이를 통해 지루하지 않도록 해주어야 한다. 개와 일부 고양이에게 산책은 보호자와 함께 하는 외부 환경에서의 놀이의 일종으로 실내에서의 단조로움은 물론 일부 놀이의 고착화로 인한 보호자와 동물 양방 모두의 지루함을 해소하는 데에 도움이 된다.

* 고양이의 경우 탈출 등의 안전 사고를 방지하기 위해 산책이 제한되어야 한다는 의견도 있다.

실내에서는 다양한 장난감과 도구를 이용하여 안전하게 놀아주도록 한다. 최근에는 먹이 퍼즐이나 노즈워크 매트, 콩 장난감 등 많은 행동 풍부화 장난감들이 시판되고 있으니 이러한 도구들을 잘 활용해 보는 것도 추천된다.

그림 123 파괴 행동은 개에서 중요한 놀이 행동 중 하나이다. 부속품을 삼키는 등의 위험 요소를 보호자가 통제할 수 있다면 장난감을 부수는 행동 자체가 놀이가 될 수 있으며 많은 개들이 단순한 파괴 행동에 재미와 흥미를 느낀다. 이러한 놀이를 선호하는 개에게는 파괴가 허용되고 안전한 장난감을 풍부하게 제공해 주는 것이 좋다. 간혹 불안과 스트레스의 표현, 잘못된 학습으로 인한 파괴 행동이 있을 수 있으니 이와 감별이 필요하다.

그림 124 고양이를 낚싯대 장난감으로 놀아주고 있다. 낚시 장난감을 매개로 한 놀이는 고양이와 사람 모두의 안전이 보장됨과 동시에 다양한 움직임을 통해 사냥 행동을 모방하게 함으로써 욕구를 충족시켜 줄 수 있어 권장된다.

(3) 사회화

사회화라는 용어는 다른 사람과 동물간의 관계를 개선하는 것만을 의미하는 것으로 오인하기 쉽다. 넓은 의미에서의 사회화는 접하는 사람, 동물뿐 아니라 이 동물이 전 생애에서 겪을 수 있는 모든 대상과 상황에 대한 버퍼(buffer), 즉 적응력을 키워주는 것을 의미한다. 동물이 긍정적이든 부정적이든 어떤 상황에 닥쳤을 때 스트레스와 불안을 최소한으로 받고 그 상황에 적절하게 적응할 수 있는 능력은 보호자뿐만이 아니라 그 동물의 행복과 복지 자체를 위해서도 중요한 부분이다. 세상은 예측 불가능한 자극과 상황들로 가득 차 있고 그러한 상황에 닥칠 때마다 동물이 과도한 불안과 스트레스를 받고 문제 행동으로서 심리적인 부분이 시각화된다면, 이는 동물 자체의 불행과도 연관되지만 사회적으로도 버림받거나 도태될 가능성이 높아질 것이다. 따라서 보호자는 반려동물의 행복과 복지를 위해 동물의 사회성, 즉 다양한 상황과 환경에 대한 적응력에 대해 관심을 기울여야 한다.

사회화 시기에 동종들과의 긍정적인 놀이 행동을 통해 커뮤니케이션 스킬을 올바르게 학습한 동물은 전 생애에 걸쳐서 비교적 원만한 동종 간의 사회성을 보일 가능성이 높다. 또한 사람과의 놀이를 통한 올바른 소통과 교류 방법 역시 사회화 시기에 많은 부분 형성된다. 따라서 이 시기의 반려동물을 케어하고 있는 보호자는 비슷한 또래 동물들과 다양한 사람들과의 올바른 교류가 이루어질 수 있도록 긍정적인 경험을 유도해 주는 것이 중요하다. 개의 경우 이를 위해 퍼피클래스(puppy class) 등 강아지 대상 사회화 프로그램 등이 다양한 시설과 단체에서 진행되고 있으니 이러한 프로그램들이 자신의 반려견에게 적절한지 확인해 보는 것도 추천된다.

한편, 사회화 시기가 지났고 사람과 다른 개들과 접한 경험이 부족한 개를 반려견

그림 125 방치 상태에서 구조되어 성견일 때 입양되어 지속적으로 사람과의 긍정적인 교류와 산책, 다양한 동반 장소 체험을 통해 사회화를 진행한 개. 기질 상 여전히 겁이 많지만 더 이상 다른 사람과 개를 극단적으로 두려워하지는 않으며 오히려 우호적인 사람에게는 먼저 다가가기도 하고 다른 개들에게 놀이 행동을 요구할 정도로 사회성이 발전하였다. 사회화 시기가 지난 개도 얼마든지 높은 수준의 사회화가 가능함을 시사한다.

그림 126 성격이 이미 형성된 성견을 입양하여 그 성격 위에 어울리고 필요한 경험들을 얹어 교육하는 것이 백지 상태의 강아지를 입양하여 처음부터 교육시키는 것보다 더 용이하다는 의견도 있다. 개를 처음 키워보는 초보자라면 성격이 무던하게 형성된 성견을 입양하는 것도 추천한다. 유기견을 가정에서 임시보호하여 사람과 실내 생활에 적응하도록 하고 입양을 추진하는 경우도 많아, 이러한 케이스들을 잘 알아보면 자신과 맞는 동물을 입양하는 데에 도움이 될 수 있다.

으로 입양했을 경우, 개의 기질과 성격을 파악하여 그에 맞춰 사회적인 교류를 점차적으로 늘려가는 것이 추천된다. 유전적, 기질적, 건강의 문제나 동물의 성격을 변화시킬 정도의 어떤 압도적인 과거의 트라우마가 없는 것이 확실하다면, 사회화 시기 이후에도 얼마든지 학습이 이루어질 수 있으며 긍정적인 경험들을 꾸준히 새로 쌓아준다면 성체도 얼마든지 사회성을 개선할 수 있다.

　　이는 사회화 시기 이후에도 얼마든지 개의 성격과 행동을 변화할 수 있다는 것을 보여주며 보호소 등에서 성견을 입양하는 것이 강아지를 입양하는 것에 비교해 크게 다르지 않다는 증거이다. 이전 진행했던 연구에 의하면 비슷한 연령에서 랜덤으로 선별된 반려견과 유기동물보호소의 유기견에서 사회성과 낯선 사람에 대한 생리학적인 스트레스 정도는 크게 차이가 없었던 것으로 확인되었다. 이는 어느 경로로 동물을 입양하든지 적어도 사회성에서 비롯된 문제 행동이 발생할 가능성은 같다는 것을 의미한다.

* 연구에 따르면 사회성의 정도는 어느 정도 선천적이라는 점도 확인되었다.

토의

동물병원을 싫어하고 무서워하여 비협조적인 개나 고양이는 진료 과정에 차질을 주고 진료와 진단 결과에 부정적인 영향을 줄 수 있다. 이러한 동물들을 어떻게 동물병원에 대한 사회화를 진행할 수 있을지 계획을 수립해 보고 현실 가능한지, 가능하지 않다면 어떻게 수정할 것인지 논의해본다.

[4] 합사

많은 동물들이 이미 적응한 환경과 사회 구조가 변화하는 것에 예민하며 종종 그 변화로 인해 극도의 불안과 스트레스를 받기도 한다. 특히 반려동물의 경우 동물들이 스스로 선택한 개체들끼리의 공존이 아닌 보호자가 선택한 랜덤한 개체들이 영역과 자원을 공유하게 됨으로써 종종 심각한 문제가 발생하기도 한다.

그림 126 합사가 어려워진 동거 동물들은 종종 분리되어 사육되어야 할 때도 있다.

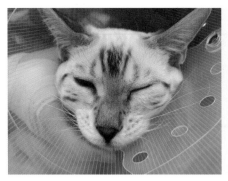

그림 128 동거 고양이들 간의 싸움으로 인해 안구에 손상을 입은 고양이 환자. 이 환자는 동거 고양이로 인한 부상으로 인해 동물병원에 자주 내원하였고, 두 고양이의 관계 개선을 위해 약물 치료를 병행한 관리가 필요하다고 판단되었다.

고양이는 이미 잘 형성된 사회가 변화하는 것을 큰 스트레스 요인으로 받아들이는 경우가 많다. 이미 조화로운 관계를 형성한 고양이 사회에 새로운 개체가 들어오거나 기존 개체가 빠졌다가 다시 돌아오는 등의 이벤트는 일부 고양이들에게는 매우 큰 스트레스로 작용하여 심하면 건강 문제까지 유발하기도 한다. 환경 요구 조건이 충족되지 않거나 사회나 공간의 변화 등으로 인한 스트레스로 인해 반복적으로 발생하는 비뇨기계 문제는 고양이가 동물병원에 내원하는 사유의 많은 비율을 차지하고 있다.

따라서 이미 키우고 있는 동물이 있을 때 새로운 동물을 같은 공간에 들여오게될 경우 합사 하는 과정을 이전 단원에서 언급한 바와 같이 DSCC를 통해 천천히 진행하여야 한다. 동물을 입양하는 것은 사람의 자유이지만 동물들 간의 관계는 사람이 끼어들어 영향을 미칠 수 있는 부분이 매우 한정적이기 때문이다. 사실 반려동물의 입장에서는 자기가 원하는 동물과 동거하는 것이 아닌 보호자가 임의로 선택하여 데리고온 낯선 동물과 새로운 관계를 형성해야 한다. 따라서 동물을 여러 마리 입양하게 되는 경우 끝까지 동물들 간의 관계가 개선되지 않아 합사가 되지 않고 심하면 공격성으로 인해 같은 공간을 공유할 수 없는 경우도 있을 수 있음을 명심해야 한다(합사 실패는 입양한 동물을 파양 하는 많은 이유 중 하나이기도 하다). 따라서 기존 동물이 있을 경우 그 동물과 새로 입양하려는 동물의 성향을 충분히 고려하고 많은 변수들에 어떻게 대처할 것인지에 대해 많은 고민이 필요하다.

합사에 심각한 문제가 발생한 경우에는 관계에 대한 긍정적인 경험을 축적하기위한 트레이닝과 격리를 비롯한 전체적인 환경 수정은 물론, 동물들의 관계로 비롯된 심리적인 문제를 해결하기 위해 약물 치료가 병행되어야 하는 경우도 많다.

그림 129 꾸준한 교육과 약물 치료를 병행하여 동거견들의 합사가 진행되고 있다. 공격성으로 문제가 되는 경우라면 안전을 위해 반드시 목줄, 입마개 등 안전장치에 대한 교육을 마치고 합사 교육을 진행하는 것을 추천한다.

그림 130 다른 종과의 합사는 동종에 비해 보다 신중해야 한다. 사회화 시기에 다른 개들과 긍정적인 관계를 형성하였던 이 고양이는 기존 개가 세 마리가 있는 가정에 입양되어 잘 적응하였다. 그러나 개체에 따라 사회화 시기 이후의 행동은 얼마든지 다를 수 있음을 명심해야 한다.

토의

두 마리의 동거견이 사이가 좋지 않아 싸우는 등의 직접적인 공격성 문제가 발생할 경우 어떠한 해결책을 제시할 수 있을지 이제까지 배웠던 내용을 토대로 토의해 보고 실제로 그 방법이 효과가 있을지 없을지를 예측해 본다.

CHAPTER

6

섭식 행동

- 섭식과 관련된 기본 행동을 이해한다.
- 섭식에 따른 동물의 분류 및 각 분류의 해부학적, 생리학적 차이를 이해한다.
- 섭식에 따라 동물의 행동이 어떻게 달라지는지 생각해본다
- 사육 동물에서 각 동물 종에 따라 섭식을 어떻게 관리할지 토론해본다.

6 섭식 행동

1 정의

식물은 태양의 빛에너지를 화학 에너지로 전환하여 생체 에너지로 사용하는 광합성이라는 과정으로 생존하고 있다. 그러나 동물은 섭취한 음식에서 공급되는 에너지를 생체 에너지로 사용한다. 동물은 주변 환경의 동, 식물의 고분자 유기 화합물을 섭식 행동을 통해 체내에 공급하여, 소화, 흡수, 재합성 등을 포함한 물질대사(metabolism)를 거쳐 에너지를 생성하고 이 에너지를 통해 탄수화물, 단백질, 지질, 무기물, 비타민, 수분 등 생명 활동에 필요한 물질들을 합성하여 살아간다.

섭식 행동(feeding behavior)은 동물이 외부로부터 먹이, 물 등을 입을 통해 체내로 공급하는 행동을 의미하며, 동물이 생존하고 개체를 유지하기 위한 가장 기본적이며 필수적인 행동이다. 섭식의 종류나 방식 등은 모방이나 교육, 경험에 의해 후천적으로 습득할 수 있지만, 섭식 행동 그 자체는 선천적인 행동으로 동물이 태어나자마자 가능하다. 사람으로 비유했을 때 젓가락과 숟가락을 쓰는지, 포크와 나이프를 쓰는지, 함께 모여 먹는지, 각자 따로 먹는지, 밥을 먹는지, 빵을 먹는지 등의 섭식의 양식은 주변 환경, 문화, 개체 등에 따라 차이를 보일 수 있지만, 음식이나 물을 입으로 공급한다는 그 행동 자체는 모든 사람에게서 똑같은 것과 같다.

먹이를 선택하는 것은 대체로 후각 등 감각 기관에 의존한다. 많은 동물들이 맛을 느끼는 미뢰가 사람만큼 발달하지 못해서 사실상 음식의 맛보다는 냄새, 식감, 온도 등으로 기호 차이가 발생한다고 한다.

섭식 행동은 다양한 생리학적 기전에 의해 조절된다. 대표적으로는 시상하부(hypothalamus)의 포만 중추에 의해 음성되먹임기전(negative feedback)을 통한 식욕 조

그림 131 뻘 속에서 먹이를 탐색하고 있는 홍학

절 기전을 들 수 있다. 섭식을 통한 혈당량의 증가는 시상하부의 포만 중추를 작동시켜 섭식을 중단시키고 혈당량이 일정 수준 감소하면 다시 섭식 중추가 작동하여 배고픔을 느껴 섭식을 시작하게 된다. 그 외 다양한 요소가 동물의 식욕과 섭식 행동에 영향을 미칠 수 있다.

2 섭식의 종류에 따른 동물의 분류

동물은 먹이에 따라 해부학적, 생리학적 구조가 확연히 다르고 이에 따라 행동 양식 또한 차이가 생기기 때문에 섭식은 동물을 분류할 수 있는 중요한 기준이 된다. 크게 섭식의 종류에 따라 육식동물(carnivore), 초식동물(herbivore), 그리고 잡식동물(omnivore)로 분류한다.

(1) 육식동물

사냥한 동물이나 사체의 고기를 먹고 사는 동물 군들을 의미한다. 고양이, 사자, 호랑이, 표범 등 고양이과 동물, 페럿 등의 족제비류(우리나라 담비의 경우 나무 열매를 섭식하기도 하는 등 잡식동물로 간주하기도 한다), 독수리, 매 등의 맹금류, 고슴도치 등의 식충목이 완전한 육식동물(complete carnivore)로 알려져 있다. 늑대, 여우, 개 등의 개과

그림 132 사냥과 포식 후 자리를 뜨고 있는 아프리카 들개.

* 개가 완전한 육식동물이라는 견해와 육식성에 가까운 잡식동물이라는 견해는 최근의 행동학과 영양학 등의 분야에서도 꾸준한 연구와 논의가 진행 중이다. 최근 일부 개 사료 업계에서는 개가 완전한 육식동물이기 때문에 완전한 육식성의 생식, 혹은 그에 준하는 단백질과 지방 함량의 사료를 급여해야 한다고 주장하며 다양한 상품을 개발, 유통시키고 있다. 그러나 일부 수의업계에서는 고단백, 고지방의 사료 급여가 오히려 개의 건강에 도움이 되지 않고 비만, 소화기계 문제를 비롯한 다양한 질환을 야기할 수 있기 때문에, 개 사료에도 적절한 탄수화물이 포함되어야 하는 등 잡식성으로 간주하고 사육해야 하는 동물이라고 보기도 한다. 사실 반려동물의 식이는 업계의 유행을 따르는 경향도 없지 않아 있다.

동물은 섭식의 종류에 있어서 약간의 논란이 있지만 해부학, 생리학적 구조와 행동 양식을 바탕으로 대체로 육식동물로 분류되고 있다.

개에서 흔하게 발생하는 췌장염의 정확한 원인은 밝혀져 있지 않지만 고지방 식이가 지방 소화를 담당하는 췌장에 무리를 줄 수 있다는 가능성이 배제되지는 않았다. 췌장염을 겪었던 개들은 고지방 식이에 민감하게 반응하여 상대적으로 지방 함량이 낮은 음식을 예방적 차원으로 급여할 것을 지시받기도 한다.

이러한 육식동물들은 사냥에 적합한 알맞은 신체 구조와 운동 신경을 가지고 있는 것이 특징이다. 날카로운 송곳니(canine teeth)는 고기를 찢는 데에 특화되어 있고, 대신 음식을 씹는 역할을 하는 어금니 부분은 상대적으로 덜 발달되어 있다. 이 때문에 육식동물은 대체로 송곳니로 고기를 찢어 토막낸 후 그대로 삼키는 형식으로 먹이

그림 133 개에게 뼈가 포함된 생고기를 급여하고 있다. 이러한 생식 식단을 제공할 경우 위생 관리에 각별히 신경을 써야 한다. (좌)

그림 134 스케일링을 마친 개의 치아. 완전한 육식동물인 고양이과의 치아와 비교하면 상대적으로 송곳니가 무뎌 고기를 칼처럼 절단하기보다는 강력한 악력을 함께 이용하여 고기를 토막내는 행동을 통해 섭식한다. 잡식동물의 대표인 사람의 치아와 비교했을 때에는 상대적으로 뾰족한 어금니를 가지고 있어 음식을 씹어 갈아내는 데에는 부적절하다. 이 때문에 대부분의 개과는 송곳니로 음식을 찢어내고 그 조각을 씹지 않고 통째로 삼키는 섭식 행동을 보인다. 사료를 급여 받는 반려견이라도 할지라도 대체로 씹는 행동이 사람만큼 발달하지 않았다. 보통 개가 사료를 마신다고 표현하는데 사료는 송곳니를 사용할 필요가 없고, 어금니는 구조상 씹을 수가 없기 때문에 결과적으로 사료를 먹는 데에는 이빨이 필요하지 않으며 결국 개는 사료를 마실 수밖에 없게 된다. 사료를 급여하는 고양이에서도 이는 비슷하게 적용된다. (우)

그림 135 완전한 육식동물인 고양이의 송곳니. 개에 비해 훨씬 날카롭고 고기를 찢어내는 데에 보다 효율적인 형태이다. (좌)

그림 136 맹금류의 부리는 고기를 찢기에 알맞게 강하고 굽은 형태이다. (우)

를 섭취한다. 이는 맹금류도 비슷한데 발톱과 부리로 고기를 찢은 후 그 토막을 그대

그림 137 대부분의 고양이과 동물들은 발톱을 숨길 수 있으며 움켜쥘 수 있는 형태의 발가락을 가지고 있다. 앞발, 뒷발 모두 가능하며 사냥감 등을 잡는 데에 유리하다.

로 삼킨다. 대부분은 다른 동물의 뼈를 부술 수 있을 정도로 강력한 악력을 가지고 있어 사냥감을 죽이거나 뜯을 수 있다. 하이에나의 경우 가장 강력한 악력을 지닌 육상 육식동물로 알려져 있고 사체의 뼈까지 먹어 치워 그 지역의 청소부 역할을 수행한다고 한다.

족제비류의 경우 완전한 육식동물로 아주 날카로운 치아와 악력을 가지고 있어 물렸을 시 아주 심각하게 부상당할 수 있고 광견병 등 인수공통질병의 숙주로서 위험하다. 따라서 이러한 동물 군을 관리하거나 진료할 때에는 안전을 위해 보정을 철저히 해야 한다.

고양이과 동물들은 개과 동물에 비해 사냥에 발을 더 많이 이용한다. 고양이과 동물은 발톱이 보다 날카롭게 발달되어 있고 발가락이 사냥감을 움켜쥘 수 있도록 움직일 수 있다. 따라서 고양이과 동물들은 보통 발톱을 사냥감에 박아 넣어 움켜잡거나 끌어내리는 식의 사냥 방법을 이용한다. 일부 고양이과 동물들은 발톱을 드러냈다가 숨겼다가 할 수 있는 특이한 구조를 가지고 있기도 하다.

육식동물은 사체 및 그 뼈를 섭취하기 때문에 소화를 위해 상대적으로 강력한 위산을 분비한다. 이 위산을 통해 섭취한 사체의 유의미한 오염 등을 제거하고 뼈를 녹여 배출될 수 있도록 한다. 초식동물에 비해 장의 길이는 짧아 섬유소 등의 소화 능력이 떨어지고 흡수가 떨어지는 편이다. 초식동물의 일부 종들의 경우 섬유질 소화를 위해 거대한 맹장이 발달되어 있다고 한다.

직접적으로 식물을 섭취하지 않는 육식동물의 경우 사냥감으로 삼는 초식동물의

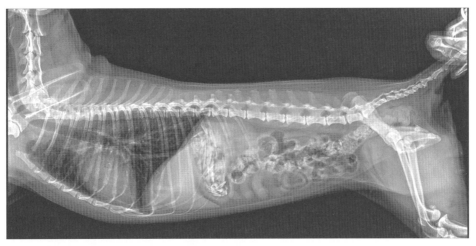

그림 138 닭 뼈로 가득 찬 개의 위장관 엑스레이 사진. 대체로는 강력한 위산에 의해 녹을 수 있다.

* 물론 경우에 따라 동물병원에 이러한 케이스가 내원한다면 발생할 수 있는 위험(날카로워서 위장관에 천공을 일으킬 가능성이 있거나 크기가 너무 커 위장관 폐색을 유발할 가능성이 있는 등)을 원천봉쇄 하기 위해 바로 내시경이나 개복하여 위 절개 수술이 지시될 수도 있다. 구토 유발은 뼈로 인한 위- 식도 부 손상 및 천공 유발, 기도로 넘어갈 가능성 등이 있어 보통 지시되지 않는다.

그림 139 고양이가 사냥하고 섭식한 어치의 남은 사체

위장관을 섭취함으로써 식물에서 얻을 수 있는 무기질 등의 영양분을 얻기도 한다. 따라서 사육 중인 육식동물에게는 내장을 포함한 고기를 급여하는 것이 추천된다. 일례로 야생동물구조관리 기관에서는 육식동물에게 가공된 육류보다는 병아리나 메추리, 토끼 등을 통으로 급여한다. 이는 최근 반려동물에서도 비슷하게 적용되어 개, 고양이에게 고기에 내장, 뼈, 부리, 털, 뼈 등을 포함한 소형 동물 전체를 급여하거나 그에 준하는 성분을 포함한 사료를 급여하는 경우도 있다.

(2) 초식동물

풀을 주식으로 섭취하는 동물들을 의미한다. 소과, 사슴과, 낙타과, 기린과 이 네 초식동물의 과는 반추동물(ruminant)로 따로 분류되어 있다. 반추동물이란 위가 세 개 이상으로 구분되어 있고 구강으로 음식물을 역류시켜 재소화시키는 과정(반추 행동, ruminating behavior)을 거치는 동물 분류를 의미한다. 이 동물들의 공통적인 특징은 갈라진 발굽을 가지고 있다는 것이다. 또한 말, 코끼리 등의 대형의 동물들, 그리고 토끼, 기니피그 등의 소형 설치류 등이 초식동물로 분류된다.

식물과 그 섬유질은 대체로 소화가 잘 되지 않고 영양 함량의 정도가 고기에 비해 떨어지기 때문에 초식동물은 보다 많은 먹이를 섭취해야 할 뿐만 아니라 소화에 많은 에너지와 시간을 소요한다. 소화를 돕기 위해 반추 행동이 발달한 동물 군이 있을 정도이며, 구강에서부터 소화를 촉진시키기 위해 씹는 데에 특화된 납작한 어금니가 발달했고 소화 효소가 함유된 침 분비가 보다 왕성하다. 납작한 맷돌처럼 생긴 치아 구조는 섬유질을 끊고 짓이기는 데에 알맞으며 소 등의 동물은 턱을 좌우로 움직여 음식을 갈아내는 행동을 하기도 한다. 이는 모두 소화가 떨어지는 식물을 섭식하는 데에 위장관 부담을 줄이기 위해서이다.

소 과의 동물들은 상악의 앞니가 없고 하악의 앞니와 윗입술로 풀을 끊은 후 턱을 좌우로 움직여 납작한 어금니로 풀을 갈아내서 삼키는 행동을 한다. 이렇게 삼킨 음식물은 제1위(반추위)에서 기계적으로 더 갈린 후 구강으로 역류되고 소는 소화효소

그림 140 다양한 식물을 급여 받고 있는 어린 고라니. 고라니는 사슴류로서 되새김질을 하는 반추동물이기도 하다.

가 풍부한 침을 이용해 이 역류물을 재소화시키는 과정을 거친다. 이를 반추행동이라고 한다. 야생에서의 소과 동물은 대부분 오전이나 늦은 저녁 짧은 시간 동안 풀을 뜯고 나머지 시간은 이 음식물들을 게워 내워 재소화시키는 반추 행동을 한다. 이러한 행동은 포식 당할 위험이 있어 섭식에 많은 에너지를 소비할 수 없어 빠르게 음식을 먹은 후 안전한 상황에서 소화를 다시 진행하기 위해서라는 견해가 있기도 하다. 반추 행동을 통해 소화가 진행된 역류물은 다시 삼켜진 후 제2위(벌집위), 제3위(겹주름위), 제4위(주름위)를 거쳐 기계적, 화학적 소화가 이루어지고 소장과 대장의 미생물들에 의해 소화, 발효, 흡수 등이 진행된다.

　　많은 초식동물들이 대체로 무리 생활을 선호하고 여러 마리가 몰려다니며 섭식을 한다. 이는 앞선 사회행동 단원에서도 언급하였듯이 포식에 대비해 생존 가능성을 높이기 위한 수단이기도 하며, 역할 분담이나 우두머리 동물의 능력에 따라 먹이나 위험을 탐색하는 데에 보다 용이할 수 있기 때문이기도 하다. 아프리카 등의 넓은 지역에서는 다양한 초식동물 종들이 무리를 지어 혼합된 형태의 무리(mixed herd)를 형성하기

그림 141 다양한 초식동물 종들이 모여 한 지역을 함께 공유하고 있다.

도 한다. 이러한 무리는 종에 따라 선호하는 식물이 다르기 때문에 같은 영역을 공유해도 크게 문제가 되지 않는다고 한다. 소, 말, 양, 염소 등이 뒤섞인 가축의 무리를 방목하여 사육할 때도 각 종마다 선호 섭식이 다르기 때문에 한 지역에서 관리가 가능하게 된다.

(3) 잡식동물

사람과 같이 식물과 고기 모든 것을 주식으로 삼아 생활이 가능한 동물들을 의미한다. 곰, 돼지, 너구리, 일부 설치류 등이 이에 속하며 종종 개도 이 분류에 포함되기도 한다. 이러한 동물들은 상황에 따라 식이를 변동시킬 수 있다. 예를 들어 미국 로키산맥 등지에 서식하는 불곰 종류의 경우 겨울에는 겨울잠을 자기 때문에 식이가 절폐되어 있으며, 봄에는 전체적으로 먹이가 부족하여 식물의 뿌리, 싹, 산딸기 등의 작은 열매 등을 먹고 살고, 여름에는 좀 더 무성해진 식물을 주로 먹거나 작은 동물을 사냥하거나 사체를 먹고 살며, 가을에는 겨울잠을 위해 지역에 풍부한 연어 등의 민물고기를 주로 사냥해서 먹는다. 사육 돼지에서는 돼지의 원래 식이를 고려해 다양한 음식을 급여하는 것이 축산 농가에서 동물 복지를 위해 중요한 사항이 될 수도 있다(대부분의 축산 동물들은 생산성과 효율성을 위해 사료를 급여한다).

토끼나 기니피그를 제외한 대부분의 설치류의 경우 곡식을 주식으로 하지만 작은 곤충들도 섭식하여 잡식동물로 간주된다. 햄스터 등의 소형 설치류를 반려동물로 사육할 경우 상용화된 밀웜 등을 급여해 주는 것이 동물의 건강을 유지하는 데에 도움을 준다.

그림 142 곰은 나무 열매 등의 식물에서부터 고기, 물고기류까지 식이 범위가 넓은 대표적인 잡식성 동물이다.

그림 143 많은 산새류들이 다양한 음식을 섭식하는 잡식동물이다. 구조된 멋쟁이새가 과일과 밀웜을 급여받고 있다.

3 사육동물의 식이 관리

반려동물, 농장동물, 실험동물 등 사람과 함께 사는 동물들뿐만이 아니라 동물원이나 치료, 보호를 목적으로 시설에 일시 계류 중인 야생동물들에서도 식이 관리는 동물을 신체적, 정신적으로 건강하게 유지함에 있어서 기장 중요한 요소이다.

동물에게 식이를 공급하는 방법은 크게 동물이 스스로 먹는 시간과 양을 선택하게 하는 자율급식과 보호자가 먹는 시간과 양을 조절하는 제한급식으로 나눌 수 있다.

자율급식의 경우 보호자의 생활 패턴이 불규칙하여 식사 시간을 챙겨줄 수 없거나 먹는 데에 특별하게 케어할 사항이 없을 경우 편리하다. 그러나 동물이 먹는 양을 조절하지 못해 위장관 질환이 발생하거나 비만하게 되는 경우가 발생할 수 있다. 경우에 따라 노력 없이 제공되는 식사는 동물의 식욕을 저하시키기도 하며, 입맛이 까다로워지거나 트레이닝을 진행할 때 동기 부여가 잘 되지 않는 등의 문제가 발생할

그림 144 새끼 야생동물을 관리할 때에는 각 종과 성장 시기에 알맞은 식단을 공급하여야 한다.

그림 145 자율급식으로 관리 중인 어린 강아지들. 관리가 편리하며 개체별로 필요한 식사량을 충분히 공급할 수 있으나, 어떤 개체가 얼마나 먹는지 가늠할 수 없다. 특히 개체들 간의 사이가 좋지 않거나 식욕 차이가 있을 시 싸움이 발생하거나 일부 개체들에게 식사가 편중되는 경우도 생길 수 있다.

그림 146 여러 마리의 동물을 케어할 경우 식사를 정해진 시간에 정해진 장소, 정해진 양만큼 주는 것이 좋다. 식사로 인해 싸움이 발생할 소지가 있는 동물들의 경우 서로가 보이지 않는 떨어진 장소나 크레이트 등 각자의 제한된 구역에서 식사를 급여하는 것이 추천된다.

수 있다.

제한급식의 경우 보호자의 생활 패턴이 규칙적으로 식사를 챙겨줄 수 있고 연령, 비만, 질병 등으로 인해 음식의 양이나 성분을 조절해야 할 경우, 여러 마리의 동물을 케어하는 경우 싸움을 방지하고 각자의 식이를 모니터링하기 위해서 진행할 수 있다. 동물에게 식사 예절을 가르치거나 잘 먹지 않는 동물에서 식욕을 끌어올리기 위해서는 제한급식이 용이하다. 산업동물에서는 생산성을 높이기 위해 제한급식이 일반적이다.

동물 종과 상황에 따라 자율과 제한을 병행해야 하는 경우도 있다. 예를 들어 고양이의 경우 소량의 음식을 시시때때로 먹는 행동이 일반적으로, 제한급식으로는 이러한 행동적 요구를 충족시켜 주기에는 한계가 있다. 그러나 앞서 언급한 비만, 질환 등 다양한 건강 상태로 인해 식이 조절과 모니터링이 요구되거나, 다묘가정일 경우 각 고양이들의 식사 모니터링이 필요할 수 있어 이러한 경우에는 제한급식을 병행하기도

그림 147 먹이를 숨겨놓고 후각을 통해 찾는 형식의 놀이 매트나 음식을 다양하게 조작하여 빼먹는 형태의 장난감들을 이용하는 것이 좋다. 이러한 종류의 놀이 도구들은 복잡한 구조일수록 좋으며 다양한 형태와 크기, 질감을 가진 장난감들을 동시에 제공하는 것도 추천된다.

한다.

사육동물에서 식사의 종류와 제공 방식 등을 다양하게 함으로써 즐거운 놀이를 제공하고 나아가 행동 풍부화(behavioral enrichment)를 이끌어낼 수 있다. 반려동물에서는 건강에 문제를 일으키지 않는 범위 내에서 다양한 식이를 급여하는 것은 물론, 먹이 퍼즐, 상호작용 장난감(interactive toy)을 이용하여 식사를 제공하는 것이 추천되고 있다. 이를 통해 동물이 선택할 수 있는 음식과 행동 범위를 증가시켜 동물의 실내 생활에 보다 활기를 부여할 수 있다. 놀이를 통해 먹이를 획득하도록 하는 것은 다양한 행동과 운동을 유도할 뿐만 아니라, 다양한 문제 상황에 대처할 수 있는 적응력과 창의력을 발달시킬 수 있다.

동물병원에서 치료와 간호가 필요한 동물들은 처방된 식이를 공급받기도 한다. 동물병원 내에서는 동물이 관리하고 있는 질병과 상황에 맞춰서 식이의 종류와 양과 급여 횟수, 시간 등이 수의학적으로 결정되고 이에 따라 적절한 입원 관리가 이루어진다. 자발식욕이 있을 경우에는 정해진 식이를 정해진 양을 정해진 시간에 급여하고, 그렇지 않은 경우 강제급여를 통해 영양을 공급해야 하기도 한다. 식욕 절폐 상태이거나 구강, 소화관 상태로 인해 정상적인 급여가 불가능한 경우 코−식도−위에 호스를 연결해 유동식을 급여해야 하는 경우도 있다.

원 외에서도 동물에게 지속적으로 처방된 식이를 급여해야 하는 경우라면 동물병원 종사자는 적합한 상품을 보호자에게 전달하고 식이를 급여하는 방법, 횟수, 양, 식

그림 148 입원 중인 개가 회복식을 급여 받고 있다.

이 보관법 등을 충분히 숙지하고 적용할 수 있도록 교육해야 한다. 보호자는 처방식을 적절한 양과 시간 간격으로 급여해야 하며 건강을 유지하기 위해 이 외의 무분별한 음식 급여를 하지 않아야 한다.

MEMO

CHAPTER

7

성 행동

- 동물의 생식 방법들의 장단점을 나열해 본다.
- 동물 종마다 주된 혼인 제도를 이해하고 왜 이 혼인 제도를 왜 선택했을지 생태적으로 어떤 장단점이 있을지 생각해 본다.
- 암수의 성행동과 이에 영향을 미칠 수 있는 요인들을 탐구해본다.

1 유성생식

모든 생명체는 자신의 유전자를 후대로 물려주기 위해 다양한 번식 방법을 발달시켜 왔다. 그 중 대부분의 고등 동물종들은 자신의 유전자를 다른 개체의 유전자와 혼합하여 번식하는 유성생식을 통해 진화해 왔다. 유성생식은 자신의 유전자의 반을 담고 있는 생식세포를 다른 개체의 생식세포와 결합시켜 두 유전자 짝이 한 쌍으로 혼합된 형태의 후손을 배출하는 생식 방법이다. 살고 있는 환경에 잘 적응된 배우자와의 짝짓기를 통해 자신의 유전자를 훌륭한 유전자와 결합할 수 있게 되고 그 결과 환경에 잘 적응한 후손을 남길 가능성이 높아진다. 최종적으로는 그 종이 그 환경에서 잘 유지될 수 있도록 하는 것이 유성생식의 근본적인 목적이라고 할 수 있다.

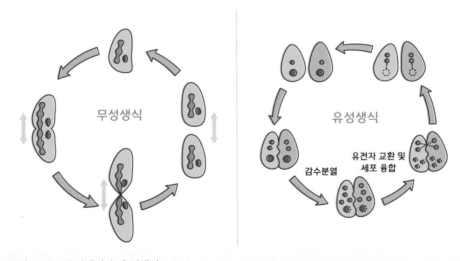

그림 149 무성생식과 유성생식

그림 150 유성생식은 같은 종의 유전자 각 쌍을 가진 생식세포 두개가 조합되어 한 쌍을 이룬 유전자를 가진 하나의 후손 세포를 형성하는 생식 방법이다. 그러나 종종 다른 종의 동물이 우연하게 교배하고 생식세포의 수정이 이루어져 교잡(hybrid)이 생기는 경우가 있다. 자연 상태에서는 드물게 발생하고 주로 사육 환경에서 인위적 혹은 우연히 발생한다. 흔히 알고 있는 라이거는 호랑이와 사자의 교잡으로 야생 상태에서는 서식 지역이 달라 마주칠 수 없는 종들이 동물원에서 함께 전시되면서 종종 발생한다. 당나귀와 말의 교잡인 나귀는 여러 지역에서 인위적으로 교배, 생산되어 사역 동물로 널리 사용되고 있다. 사진의 이 제브로이드는 전주동물원에서 전시 중이며, 수컷 제주마와 암컷 얼룩말 사이에서 태어난 동물이다. 말과 얼룩말의 염색체 수가 다름에도 불구하고 수정과 발생이 이루어졌다는 점에서 특이하여 각지에서 관련 연구가 이루어지고 있다고 한다. 이러한 교잡 동물들은 생식능력이 있는 생식세포를 생성하지 못해 불임이다.

유성생식은 무작위적인 유전자 조합을 통해 최대한 <u>다양한</u> 특성을 지닌 후손들을 배출하고 그 중 지속적으로 변화하는 환경에 대한 적응력이 높은 개체가 확률적으로 발생할 가능성을 위해 존재한다고 할 수 있다. 아주 단순한 예시로 추위에 강한 유적적 특성을 가진 개체 A와 더위에 강한 유전적 특성을 가진 개체 B가 생식 활동을 통

그림 151 개의 경우 유전적 변이가 아주 쉬운 동물 종으로 몇 세대 만에 선대 개와 완전히 다른 형태의 개가 배출될 수 있다. 사진 우측의 스피츠 믹스 견은 어미 개이고 나머지는 동배의 새끼들이다. 부견은 알 수 없지만 이 사진의 가족은 유전적 교잡으로 인해 모견과 얼마나 다른 형태의 후손이 배출될 수 있는지를 보여준다. 또한 동배의 강아지들이라고 할지라도 유전적 조합에 따라 얼마든지 다양한 형태를 나타낼 수 있다. 외형을 포함한 유전적 형질 역시 다양할 것으로 예측할 수 있으며 이 강아지들은 각자 다른 입양 가정환경에 적응하는 데에 있어서 다양한 강점과 약점이 있을 것으로 추정할 수 있다.

해 10마리의 후손을 배출했을 때 확률적으로 추위에 강한 개체와 더위에 강한 개체 모두가 그 후손들 중에 존재할 수 있고 이후 환경이 추워지거나 더워졌을 때 생존할 수 있는 개체가 일정 비율로 존재할 가능성이 있게 된다. 만약에 A라는 개체가 무성생식을 선택했다면 이 종은 A 특성을 가진 후손 밖에 발생시키지 못하므로 더위라는 환경 변화에 대처할 수 없어 그 종은 멸종하게 된다. 유성생식의 근본적인 목적은 유전자 조합을 통한 종의 다양성을 확보하고 다양한 환경 변화에 적응 가능한 개체를 언제나 일정 비율 이상 존재하게 하는 것이라고 할 수 있다.

건강하고 환경에 잘 적응할 수 있는 유리한 유전자가 있을 가능성이 높은 개체가 있을 경우, 이 개체와의 유전자 조합을 위해서 동성 개체들 사이의 경쟁이 발생할 수 있다. 번식기의 조류의 경우, 대부분 수컷들이 깃털이나 몸짓의 화려함을 뽐내거나, 번식을 위한 안전한 둥지나 영역, 먹이를 제공하거나, 울음소리의 크기나 기교를 통해 유전적 우월성을 과시하려고 하는 행동을 보일 수 있다. 이러한 행동들은 자신의 건강 상태를 포함해서 환경에 잘 적응했다는 증거의 유전적 특성을 상대 성별에게 전시하려고 하는 행동이라고 볼 수 있다. 암컷들은 이 행동들을 통해 현 환경에 가장 적절한 유전자를 가진 수컷을 선별하여 번식하고 이후 후손들이 그 환경에서 살아남을 확률을 높이려고 한다.

이 때문에 때때로 부유집단(floating population)이 발생하기도 한다. 이는 번식에 참가하지 못하는 집단을 의미하며 대체로 유전적으로 열등하여 그 유전자를 조합한 후손을 배출하는 것이 종의 존속에 그다지 이롭지 않다고 동종들에게서 판단된 개체 집단이라고 할 수 있다. 종종 성비의 불균형으로 인해 부유 집단이 발생하는 경우도 있으나, 자연적인 환경에서는 성비는 항상 일정하게 유지되므로 성별이 결정되는 데에 영향을 미칠 수 있는 환경 요인들이나 인위적으로 성비에 대한 어떤 조작이 있었던 생태 집단, 사육 집단이 아니라면 흔한 경우는 아니다. 일부다처의 혼인 제도를 선택하는 동물 종들의 경우 우세한 소수의 수컷만이 번식에 참여해 유전자를 후손에 전달하고 대부분의 수컷들은 부유집단으로 존재하게 된다. 이때 무리에서 번식 개체가 도태될 경우 부유 집단의 수컷들끼리 싸움이 벌어지며 그 중 가장 강한 수컷이 다시 그 자리를 차지하게 된다.

2 혼인 제도

종마다 번식 성공률을 최대로 하기 위해 선택하는 짝짓기의 방식이 다르다. 대체로 가급적 많은 후손을 배출하여 그 안에서의 다양성을 확보하여 생존률을 높이는 방식을 선택한 종들은 단기적인 혼인 제도를 유지하고 번식기마다 짝을 다시 선택하는 경우가 많다. 새끼를 양육하는 데에 상대적으로 시간이 오래 걸리고 적은 수만을 낳을 수 있는 동물 종들의 경우 오랜 기간 일부일처의 혼인 관계를 유지하고 암수가 함께 새끼들을 양육하는 방식을 선택하는 경우가 많다. 단혼성(monogamy)은 암수가 각각

그림 152 성적 이형이 두드러진 종들 중 대표적인 동물인 원앙. 대부분 성적 이형이 두드러진 조류들의 경우 수컷이 화려하게 발달하였다.

한 개체가 쌍을 이루는 경우를 의미하며 복혼성(polygamy)은 일부다처(polygamy) 혹은 일처다부(polyandry)의 형태로 2개체 이상의 이성과 동시에 부부 관계를 유지하는 경우를 의미한다.

암수의 외부 형태가 육안으로 구별 가능할 정도로 극단적으로 형태가 다른 경우를 성적 이형(sexual dimorphism)이라고 한다. 대체로 많은 조류 종들이 대체로 수컷이 화려하게 발달하여 암수가 다른 종으로 오인될 정도의 성적 이형을 발달시켰다. 사자 등 일부 동물 종들 외의 사람, 개 등의 많은 포유 동물은 크기 등을 제외하고는 성적 이형이 눈에 띄게 발달하지는 않은 편이다.

일부일처란 암수 한 개체가 쌍을 이루어 번식을 하는 경우를 의미한다. 많은 조류가 일부일처의 형태로 번식하며 새끼들이 둥지를 떠나기 전까지 암수가 함께 새끼들을 양육한다. 대체로 암수의 형태가 비슷하여 성적 이형이 두드러지지 않은 종들이 많다. 모든 개체가 1:1의 관계를 유지하기 때문에 성비가 1:1일 경우 모든 개체들이 번식에 참여할 기회가 있고 자신의 유전자를 자손에게 전달할 수 있다(만약 성비가 1:1이면서 일부다처나 일처다부로 한 개체가 대부분의 이성을 차지하는 형태의 혼인제도를 선택할 경우 필연적으로 부유집단이 발생할 것이다).

이 방식은 암수가 함께 새끼를 양육하기 때문에 수컷의 경우 그 새끼가 자신의 유전자를 가진 새끼가 아니라면 시간과 에너지를 허비하는 것이 된다(암컷은 어떤 수컷과 교미를 해도 새끼는 자신의 유전자를 가지고 있기 때문에 어떤 새끼를 양육해도 자신의 유전자를 남기는 것이 된다). 따라서 수컷은 암컷이 다른 수컷과 짝짓기 하여 다른 유전자를 가진 새끼를 자신이 양육하지 않게 하기 위해 암컷을 방어하려는 본능이 강할 수 있고 서열이 바뀌거나 무리가 바뀔 경우 기존 새끼들을 도태시키려고 할 수 있다.

그림 153 일부다처를 선택한 바다포유류들의 경우 수컷이 암컷보다 월등하게 크다.

암수가 함께 새끼를 양육하여 번식 성공률이 대체로 높기 때문에 한배에 많은 새끼를 낳거나 적은 수의 새끼를 오랜 기간 양육하는 것이 일반적이다.

1개체의 수컷이 동시에 여러 암컷과 부부 관계를 맺는 방식을 일부다처제라고 한다. 대표적으로 바다코끼리, 바다사자 등의 대형 해양 포유류 종들이 이 혼인 방식을 선택했다. 이 집단을 하렘(harem)이라고 하며, 우두머리 수컷이 암컷들을 모두 차지하고 후세대에 전달되는 유전자의 중요한 공급원이 된다. 수컷들 사이에서는 번식을 위해 치열한 싸움이 발생하고 투쟁 결과에 따라 우두머리 수컷은 수시로 바뀔 수 있다. 몸이 클수록 번식 투쟁에서 유리하므로 이 종들은 성적 이형이 발달하여 수컷이 암컷보다 크기가 확연히 크다.

가축화된 동물의 야생종은 대부분 일부다처제를 선택한 종들로 사육 시 무리 내에 소수의 수컷만 유지해 주면 많은 암컷들과 번식해 개체 수를 유지할 수 있다.

암컷 1개체가 여러 마리의 수컷과 동시에 부부 관계를 맺는 방식을 일처다부제라고 한다. 물꿩류, 뜸부기류의 조류에서 이러한 혼인 방식이 관찰된다.

난혼 방식(promiscuity)은 각 개체가 다른 개체와 동일한 확률로 번식을 할 수 있는 형태이다. 많은 포유류가 이 방식을 선택하여 번식한다. 번식기의 고양이는 암수를 가리지 않고 상대 성별과 가급적 많은 교배를 통해 유전적 다양성을 높이고 산자수를 증가시키려고 하는 경향이 있다. 늑대를 비롯한 개과는 일부일처를 유지하는 것으로 알려져 있지만 현대 사회의 개들은 대체로 난혼 형태로 번식하며 발정기의 암컷이 여러 마리의 수컷과 교배하고 수컷 역시 여러 마리의 발정기 암컷들과 교배한다.

3 양육

포유류의 암컷은 새끼를 일정 기간 배 속에서 키운 후 출산하여 젖을 먹여 키워야 하기 때문에 양육이 암컷에 집중되어 있다. 수컷은 먹이 공급, 암컷과 새끼들을 보호하는 등의 간접적인 도움만을 줄 수 있는 경우가 대부분이다. 암컷이 번식에 있어 시간, 에너지, 비용 소모가 크기 때문에 선택권은 암컷이 가지는 경우가 많으며 수컷들은 번식을 위해 경쟁하는 구조가 된다. 많은 동물 사회에서 암컷의 밀도와 분포 등에 의해 혼인 제도가 결정되기도 한다.

사회적인 동물 종들의 경우 새끼들을 암수는 물론이고 무리 전체가 공동으로 양육하는 경우도 있다. 계절번식으로 비슷한 시기에 발정이 일어나 새끼를 낳게 되는 고양이의 경우 무리의 암컷들이 공동으로 새끼들을 양육한다. 아프리카들개(리카온)와 같이 사회성이 높은 무리 동물의 경우 수컷도 양육에 적극적으로 참여한다.

양육과 관련된 모성 행동에 대해서는 8장에서 다룬다.

4 성 행동

성 행동은 번식을 위해 암수가 보이는 일련의 행동들을 의미하며 크게 3가지로 구분될 수 있다. 성적 탐색 행동은 교미를 목적으로 이성을 찾아다니는 행동을 의미한다. 단독 생활을 하는 동물의 경우 번식기에 넓은 지역을 돌아다니며 이성을 찾아다니고 마킹을 통해 이성에게 자신의 위치와 생리적 상태를 전달하려고 한다. 구애 행동 (courtship behavior)은 이성을 교미로 끌어들이기 위해 유혹하는 행동을 의미한다. 구애에 성공하면 실제로 암수 개체가 생식기를 접촉시키거나 수컷의 음경이 암컷의 생식기 내에 삽입된 후 사정이 이루어진다. 이를 교미(copulation)라고 한다.

대부분의 육상 포유류에서는 수컷이 암컷에 승가(mounting)하여 음경을 삽입하고 (intromission) 사정(ejaculation)하는 방식으로 교미가 이루어진다. 발정기의 암컷은 상대 수컷과 교미를 원할 경우 승가를 허용하는 특징적인 자세를 취한다. 이 자세는 동물

그림 154 수컷 말이 발정기의 암컷 말에 승가하여 교미를 시도하고 있다.

종마다 차이가 있으며 대체로 일상생활에서는 거의 보이지 않는 행동으로 성호르몬의 영향으로 교미를 허용할 때만 취하는 것이 특징이다.

많은 동물들은 페로몬(pheromone)을 통해 자신의 생리학적 정보를 전달함과 동시에 상대 성별을 유혹하는 것으로 알려져 있다. 페로몬은 동물의 체외로 분비되는 후각 신호 물질로 코와 입 천장 사이의 서비기관(vomeronarsal organ)을 통해 인식한다. 오줌, 배변, 타액 등에 들어있기도 하며 피부샘, 항문샘 등의 다양한 샘에서 분비되기도 한다. 페로몬은 서비기관을 통해 유입되어 뇌의 후각 중추를 자극하여 다양한 성 행동을 유발한다. 일례로 수퇘지의 페로몬은 암퇘지의 성 행동을 촉진시키고 발정을 유도할 수 있어 산업적으로 이용되기도 한다.

(1) 개의 성 행동

수캐는 성 페로몬을 통해 성적 관심을 보이며 암캐를 쫓아다니며 냄새를 맡고 핥는 행동을 보인다. 암캐가 승가 허용 자세를 취할 경우 수캐는 승가를 하고 교미가 이루어진다. 이때 수컷의 음경은 질 내에서 팽창하고 질은 수축하여 연결이 빠지지 않게 되는데 이를 생식기 고정(genital lock)이라고 하며 늑대를 비롯한 대부분의 개과 동물에서 관찰된다. 이 고정은 30분 이상 유지되는데 이 때문에 수컷과 암컷은 승가가 해제된 이후에도 엉덩이를 붙인 채로 서있는 특징적인 자세를 취하게 된다. 사정 후 음경이 수축되면 자연적으로 분리되나 억지로 분리를 유도하면 암수 모두 생식기에 손상을 입을 수 있으므로 주의해야 한다.

개의 정자는 암컷의 체내에서 10일 정도 생존할 수 있어 교미 이후에도 배란된

그림 155 개의 교미 후 생식기 고정

난자들 중 하나 이상과 수정이 이루어질 수 있다고 알려져 있다. 따라서 난교 형태로 암컷이 교미했을 경우 여러 마리의 수컷에서 유래된 정자들이 암컷 체내에서 각각의 난자와 수정하여 한배에 태어난 새끼들의 유전적 부친이 서로 다를 가능성이 존재한다. 이 때문에 개 과의 이러한 교미 방식은 다른 수컷의 정자가 암컷 체내에 유입되는 것을 막기 위한 목적인 것으로 추측되기도 한다.

또한 개는 계절과 관계없이 암컷이 발정이 일어나는 동물 종으로 1년에 2회 정도 배란이 일어나고 한 달 정도 발정기가 유지되는 것이 일반적이다. 발정기의 암컷은 구애 행동이 관찰되고 불안이 높아지거나 신경질적으로 행동하거나, 식욕이 변화하고 마킹을 위한 배뇨 빈도가 증가하기도 한다. 암캐의 생리는 양이 적은 편이고 핥아서 흔적을 없애기 때문에 관찰되지 않기도 하는데 이 출혈은 자궁이 허물어질 때 비롯되는 사람과는 달리 배란혈에 가깝다. 이 시기의 암컷은 교미를 원하는 수컷에게 승가를 허용하는 자세를 취해주는데 그렇지 않은 경우 교미를 시도하는 수컷에게 공격적인 행동을 보이기도 한다.

(2) 고양이의 성 행동

고양이는 계절번식성이 강한 동물로 각 지역 별 기후에 따라 차이가 있으나 우리나라 기후에서는 대체로 늦겨울−초봄 사이가 번식기이다. 번식기의 암컷은 특징적인 소리를 지르며 수컷을 유혹하고 발정 중인 암컷에게 여러 마리의 수컷이 몰려들어 난

그림 156 교미 중인 고양이

교 형태로 교미가 이루어진다. 구애 행동은 개체 차이가 크지만 대체로 핥아주거나 몸을 비비는 등 애정을 표현하거나 특징적인 소리를 지르고 구르고 승가 허용 자세를 취하며 돌아다니는 행동이 흔하다.

고양이는 교미 자극에 의해 배란이 이루어지는 유도 배란(induced ovulation)을 보이는 동물로 가능한 한 많은 수컷과 많은 교미 자극을 통해 배란을 유도한다. 승가 후 음경 삽입 1~4초 이내에 사정이 끝나고 수컷들은 여러 날 암컷 주위에 남아 1일 수십 차례 교미를 한다.

고양이과 동물은 특징적으로 수컷의 성기에 날카로운 미세 가시가 돋아 있어 삽입 시 질에 박혀 빠지지 않도록 하는데 이 자극이 암컷의 배란을 유도함과 동시에 고통을 가하기도 하는 것으로 알려져 있다. 이 때문에 종종 암컷들은 교미 시 통증으로 인해 소리를 지르거나 승가 중인 수컷을 공격하는 행동을 보이는 경우도 있다.

(3) 성 행동의 조절

성호르몬은 동물의 성 행동에 주요하게 영향을 미치는 요인들 중 하나이다. 수컷의 성 행동은 정소와 분비되는 안드로겐, 그 중 테스토스테론, 암컷의 성 행동은 난소에서 분비되는 에스트로겐 등의 호르몬에 의해 조절된다. 중성화 수술을 통해 정소나 난소를 제거할 시 호르몬 수준이 저하되어 성 행동이 감소될 수 있으나, 부신에서도 성 호르몬이 일부 분비되기 때문에 완전히 성 행동이 소실되지는 않는다.

성호르몬은 다른 호르몬들과 마찬가지로 음성되먹임기전(negative feedback)에 의해 혈중 농도가 유지되며 발정 주기에 따라 상승과 하강을 반복하고 있다. 음성되먹임기전은 최종 호르몬 농도에 의해 최초 호르몬의 농도가 조절되는 것을 의미한다. 최종 호르몬의 혈중 농도가 증가하면 최초 호르몬의 농도가 감소하여 최종 호르몬 농도를 감소시키며 감소된 최종호르몬 농도에 의해 최초 호르몬의 농도가 다시 증가하는 과정이 반복되어 최종 호르몬의 농도를 일정하게 유지하려고 한다.

암컷의 성호르몬의 경우 ① 시상하부에서 성선자극호르몬방출호르몬이 증가하여 뇌하수체를 자극하면 ② 뇌하수체에서는 성선자극호르몬인 난포자극호르몬(FSH), 황체형성호르몬(LH)이 분비되어 ③ 난소에서 난소호르몬인 에스트로겐과 프로게스테론이 분비되도록 유도한다. ④ 증가된 혈중 에스트로겐과 프로게스테론 농도는 시상하부에서 감지되어 성선자극호르몬방출호르몬 분비가 감소하고 ⑤ 뇌하수체도 감소된 자극에 의해 성선자극호르몬 분비를 감소시켜 최종적으로 ⑥ 난소호르몬의 농도가 감소한다. 감소된 난소호르몬은 다시 시상하부에서 감지되어 앞선 과정이 되풀이 되며 주기가 반복된다.

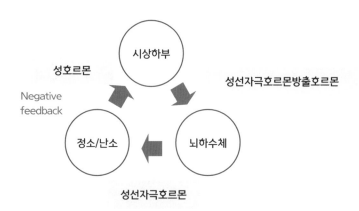

그림 157 성 행동의 내분비계 조절. 음성되먹임기전(negative feedback)에 의해 성 호르몬의 수준이 주기적으로 조절된다.

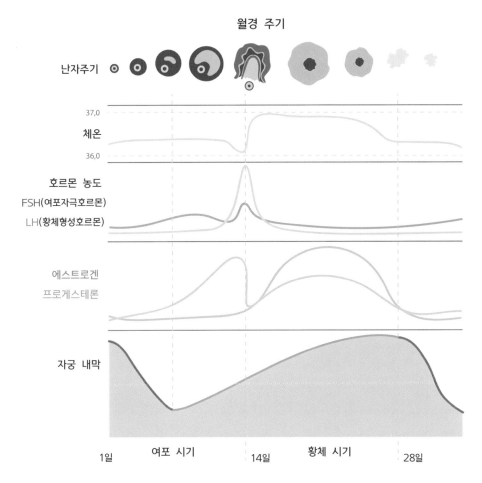

그림 158 사람 여성에서의 호르몬 주기. 뇌하수체 호르몬인 FSH에 의해 난포 속 난자가 성숙하며 에스트로겐(estrogen)을 분비한다. 증가한 에스트로겐의 농도에 의해 뇌하수체에서 LH가 분비되어 난자의 배란을 유도한다(ovulation). 난자는 나팔관을 따라 이동하여 수정을 준비하고 난소를 배출한 난포는 황체호르몬(progesterone)을 분비하여 수정 후 임신을 준비한다. 수정이 되지 않을 경우 난자와 황체는 퇴화하고 자궁벽은 무너지며(사람에서의 생리) 다시 새로운 주기가 시작된다. 동물에서도 종에 따라 차이가 있지만 비슷한 원리로 호르몬에 의해 번식 주기가 조절되고 있다.

(4) 성 행동에 영향을 미치는 요인

다른 여타 행동들과 마찬가지로 성 행동 역시 다양한 요인들에 의해 영향을 받는다. 시각적 자극은 사람을 비롯한 동물에서 성적 자극을 받고 성 행동을 개시하는 주

그림 159 수컷 공작새가 꼬리를 과장하며 암컷에게 구애하고 있다.

요 요인이 될 수 있다. 암컷의 수컷에 대한 허용 자세는 수컷의 교미 행동 개시의 주요 자극이 된다. 번식기의 암컷 말은 꼬리를 들어 올려 생식기를 노출시키는 특징적인 행동(mare wink behavior)을 보이고 이 시각적 자극으로 수컷이 유혹된다. 많은 조류에서는 수컷의 화려한 생김새가 암컷에 대한 주요 유혹의 요소가 되기도 한다.

후각적 자극 역시 암수 간 유인 또는 성 행동을 개시시키는 데에 중요한 역할을 한다. 직접적인 후각 정보뿐만이 아니라 페로몬 또한 성 행동의 주요 매개로 사슴, 말류나 고양이과 동물 종에서 플레멘 행동(flehmen behavior)을 유발하기도 한다.

청각적 자극은 후각적 자극과 마찬가지로 수신자와 발신자가 원거리에 있을 때 유용하게 작용하여 성 행동을 자극시킨다. 많은 조류들이 번식기에 다양한 소리를 통해 상대 성별을 교미로 유도한다. 번식기의 암컷 고양이는 높고 늘어지는 피치의 특이한 울음 소리를 내서 주변 수컷들을 유혹한다.

스킨십이나 생식기에 가해지는 촉각 자극 역시 성 행동의 중요한 요소이다. 많은 사회적 동물들은 상대 성별과의 우호적 관계를 유지하여 원활한 교미로 유도하기 위해 몸은 부딪친다거나 털을 골라주는 등 다양한 스킨십을 이용한다. 소, 말 등의 축산 동물들의 경우 인공 수정을 위해 인공적으로 수컷의 정액을 채취할 때 음경에 가해지

그림 160 말의 인공 사정 유도를 위한 장치. 압력과 온도와 촉감을 이용하여 사정을 유도하는 원리이다.

는 압력이나 온도 등의 촉각이 성적 흥분뿐만이 아니라 사정을 유도하는 주요 요인이 된다.

교미 상대가 함께 있을 경우 성적 자극을 보다 받는 것으로 알려져 있다. 사육 돼지에서는 수컷의 페로몬에 의해 암컷의 발정이 촉진되는 것을 이용하여 비번식기 말기의 암컷 무리에 수컷을 도입하여 발정 동기화를 유도하기도 한다.

계절번식성(seasonal breeding) 동물 종들은 물론이고 많은 동물들이 기후, 날씨, 계절에 의해서도 성 행동이 촉진되거나 억제될 수 있다. 극도로 덥거나 추워 번식이 성공하기 어려운 기후일 경우 성 행동이 감소될 수 있다. 계절번식성이 강한 고양이의 경우 기후가 비슷하게 유지되는 지역의 경우 번식이 한 해에 여러 번 이루어지기도 한다. 기후와 계절은 사람뿐만이 아니라 동물에서도 기분(mood)과 그에 따르거나 영향을 미치는 호르몬들에 영향을 크게 미치기 때문에 서로에 대한 호감을 전제로 하는 사회 행동인 성 행동 역시 이를 따라가는 경우도 있다.

사회 동물에서는 한정된 번식 자원을 차지하기 위한 경쟁이 발생할 수 있고 이에 따라 사회적 순위, 즉 서열에 의해 번식의 기회가 분산되거나 집중될 수 있다. 대체로 서열이 높을수록 교미의 기회가 증가하며 성 행동이 과도하게 발현된다. 단독 행동을 하는 동물 종이라도 번식기에는 여러 마리의 암수가 모이고 동성 동물들끼리의 싸움이 발생하여 순위를 결정하여 교미가 이루어지기도 한다.

대부분의 종에서 이유 후 성 성숙 시기까지의 중간 시기인 사회화 시기에 동종 동물들과의 교류가 제한되었거나 사회 경험이 적은 경우 대체로 성 행동이 약화된다. 사회화 시기 동종 동물들과의 놀이 행동은 성 행동을 학습하는 데에도 결정적인 역할을 하기 때문이다. 이러한 동물들에 경우 교미 자세를 잘 잡지 못하거나 부적절한 유혹 행동 때문에 소모적인 싸움이 발생하는 등 교미에 실패할 가능성이 높다.

반려동물로서 판매되는 개, 고양이 등을 '생산'하는 산업에서 이용되는 번식 동물들은 동종 동물들과의 사회적 경험이 부족한 상태로 열악한 환경에서 원치 않는 상대와 원치 않은 교미를 인위적인 번식 주기하에 계속해야 하기 때문에 깊은 트라우마를 가지고 있을 수 있으며 이는 동물 생산이 비윤리적일 수 있다는 한 가지 근거가 된다. 사람과 마찬가지로 동물에서도 원치 않는 성 경험은 정신적 문제를 유발할 수 있고 비정상적인 행동들의 원인이 된다.

개체마다의 유전적인 요인에 따른 선천적인 기질이나 성향(temperament) 역시 성 행동에 중요한 요소이다. 성 행동과 관련된 다양한 호르몬들과 그에 영향을 미치는 많은 유전자들의 조합이 동물의 전체적인 행동을 조절하게 된다. 동물 종마다 각 동물 종들이 가장 번식 효율이 좋은 진화 방향에 따라 성 행동 역시 다양하게 발달해 왔으며, 같은 종의 동물이라도 할지라도 번식기에 보이는 행동은 차이가 날 수 있다. 같은 종 내에서도 품종 등 계통에 따라서도 성 행동에 차이가 발생한다.

한 개체라 할지라도 모든 시기, 모든 상황에 동일한 행동을 보이는 것이 아니며, 개체의 호르몬 수준의 변화에 따라 행동이 변화할 수 있다. 성 행동에는 어느 정도 수준의 성 호르몬을 요구하며 성 호르몬이 선천적으로 높거나 낮을 경우 개체 간 성 행동에 차이가 발생할 수 있으며 한 개체도 호르몬 주기나 호르몬에 영향을 줄 수 있는 다양한 외부 요인들에 따라 성 행동이 시시각각으로 변화할 수 있다.

중성화 수술로 알려진 수컷의 거세(castration), 암컷의 난소−자궁 적출 수술(ovario−hysterectomy) 역시 성 호르몬의 분비 기관을 제거하는 것으로 성 호르몬 수준을 낮추어 성 행동을 감소시킨다. 반려동물에서의 중성화 수술은 일반적으로 수컷에서는 정소를 제거하는 수술, 암컷에서는 난소와 자궁을 제거하는 수술을 의미한다(최근 반려동물에서는 난소만을 제거하기도 한다). 일반적으로 성 기관이 제거되었기 때문에 성 호르몬 수준이 낮아지고 이 호르몬들이 영향을 미치는 성 행동이 감소할 수 있다.

그러나 성 행동은 성 호르몬만으로 조절되는 것이 아닐 뿐만이 아니라 학습된 성 행동들 역시 오랫동안 남아있을 수 있고, 부신 등 다른 기관에서도 낮지만 여전히 성 호르몬이 분비되고 있으므로 성 행동이 완전히 소실되지 않는다. 특히 성 행동이 문제 행동으로 발생한 동물에서는 중성화 수술을 통해 행동을 일부 감소시킬 수는 있지만 학습과 경험 역시 중요한 영향을 미치고 사회 행동의 일부로도 이러한 행동들이 작용하기도 하며, 기분(mood)과 심리 상태 등 다양한 요인들이 행동에 영향을 미칠 가능성이 높으므로 이를 수술만으로 완전히 해결할 수는 없다(중성화 수술의 보다 자세한 내용은 p.26, 2장, (4) 청소년 시기에서 확인한다).

토의

자신의 반려동물의 중성화 수술 여부와 왜 그러한 결정을 하였는지 이유를 나열해 본다. 이 결정이 이후 동물의 삶의 질 부분에서 어떤 영향을 미칠 수 있을지 토의해본다.

CHAPTER

8

모성 행동

학습
목표

- 동물들이 각 종들마다 어떤 방식으로 새끼를 양육하고 보호하는지 알
  아본다.
- 모성 행동을 조절하는 다양한 요인들에 대해 이해한다.

8 모성 행동

모성 행동(maternal behavior)은 새끼 동물에 대한 부모 동물의 행동들을 의미한다. 모성 행동에는 새끼를 낳고 양육할 보금자리를 준비하는 행동(nesting behavior), 새끼를 포유(nursing)하는 등 먹이고, 핥아주거나 멀리 떨어진 새끼를 둥지로 회수하는(retrieving) 등 돌보는 행동, 다양한 위험으로부터 새끼를 보호하는 행동, 새끼를 교육하는 모든 행동들이 포함된다. 새끼 동물은 본능적으로 부모 동물에 양육과 보호를 요구하는 행동을 보이고, 부모 동물은 이에 반응하여 새끼의 요구를 수용하게 된다. 이 상호 과정을 통해 새끼와 부모 동물 간에 강력한 유대가 발생하고 이에 따라 새끼의 생존률이 증가, 결과적으로 종이 존속하는 데에 일조하게 된다.

1 모성 행동의 개시

대부분의 동물에서 모성 행동은 새끼를 직접 낳은 암컷 동물에서 강하고, 모성 호르몬 등에 대한 민감도도 암컷 동물에서 보다 높은 것으로 알려져 있다. 그러나 많은 동물 종들이 부모 동물이 함께 새끼를 양육하는 방식을 취하고 있으며 이러한 동물 종들의 경우 수컷 동물에서도 암컷 동물과 유사한 모성 행동이 관찰된다. 실제로 모성 호르몬이라고 일컫는 많은 호르몬들은 암컷에 국한되어 분비되는 것이 아니고 수컷에서도 마찬가지로 분비되어 모성 행동 이외에도 다양한 생리학적 기능을 수행하고 있기 때문이다.

모성 행동은 포유류에서는 분만 전후 증가하는 뇌하수체 전엽 호르몬인 프로락틴(prolactin), 후엽 호르몬인 옥시토신(oxytocin)에 의해 개시되는 것으로 알려져 있다. 프

그림 161　보호자와 반려견과의 관계는 호르몬적으로 부모–자식 관계와 유사하다. 이러한 연구 결과들은 실제로 개를 자식으로 간주하고 키우는 사람들이 많은 이유에 대한 과학적 근거가 될 수 있을 것이다.

로락틴은 젖분비를 유도하는 호르몬으로 새끼 동물이 젖을 빠는 포유 반사(rooting reflex)에 의한 유두 자극에 의해 분비가 더욱 촉진된다. 옥시토신은 자궁을 수축시켜 새끼를 분만시키는 데에 결정적인 역할을 함과 동시에 분만 이후에도 꾸준히 암컷 동물에 유지되어 모성 행동을 개시하고 지속하는 역할을 한다.

　　최근의 연구에서는 옥시토신이 소위 '사랑 호르몬'으로서 사회적 관계에 중요한 역할을 하는 것으로 알려졌다. 최근의 연구들에서는 개와 보호자가 친밀하게 교류할 때 개와 보호자 모두의 혈중 옥시토신 농도가 증가하는 것이 확인되었는데 길들여진 늑대에서 같은 실험을 했을 때에는 이러한 호르몬 변화가 확인되지 않았다. 이를 통해 반려견과 보호자와의 관계가 적어도 호르몬 적으로는 부모와 자식 관계와 유사하다는 추론이 가능하게 되었다.

　　포유동물은 분만 전 새끼를 낳을 준비를 시작한다. 많은 동물들이 새끼를 낳을 보금자리를 만드는 행동(nesting behavior)을 보이는데 모성 행동의 일종으로 간주한다. 주로 어둡고 조용한 곳에 푹신한 것을 깔거나 뭉쳐 놓아 새끼를 낳고 보호하기 위한 공간을 조성한다. 토끼는 땅에 굴을 파고 스스로의 부드러운 털을 뽑아 공간을 푹신하고

그림 162　새끼 토끼들이 어미가 만든 보금자리에 모여 있다.

그림 163　까치가 둥지를 만들고 있는 있다.

아늑하게 만드는 행동을 보인다. 따라서 사육 동물에서 새끼를 분만하기 전의 어미 동물에게는 이와 비슷한 공간을 조성해 주는 것이 좋다.

　　조류의 경우 대부분 암수가 함께 둥지를 조성한다. 한국의 민가에서 흔히 보는 산새류들은 대부분 늦겨울－초봄 경이 번식기로 이 때 많은 조류들이 둥지를 만드는 것을 관찰할 수 있다.

2　분만(delivery)과 분만 후

　　포유 동물은 분만 과정에서의 고통이 어미 동물과 새끼 간의 유대를 확립시키는 데에 역할을 한다고 알려져 있다. 다태동물의 경우 여러 마리의 새끼를 일정 시간 간

그림 164 갓 태어난 새끼를 어미 개가 핥아주고 있다.

격으로 분만하며 분만 중 이미 태어난 새끼들을 핥거나 돌보는 행동을 동시에 보인다.

분만 후 어미 동물은 새끼를 수용하고 부양하는 행동을 보이는데 이는 모성과 관련된 여러 호르몬들에 의해 조절되며 평소에는 하지 않는 특별한 행동이다. 예를 들어 상대에게 배를 보이는 행동은 대부분의 동물에게는 공격당할 가능성이 있는 위험한 행동으로 간주되어 잘 보이지 않는데, 모성 호르몬이 유지되는 기간 중에는 새끼 동물에게는 허용한다. 새끼 동물의 냄새와 울음소리가 어미 동물과의 결속에 중요한 역할을 하며 모성 행동을 유발하는 자극이 되기도 한다.

포유류에서 대부분의 어미 동물은 분만 후 태어난 새끼를 핥아주는데 이는 새끼를 감싼 양수를 제거함과 동시에 털을 건조시키고 핥는 물리적 자극을 통해 새끼의 체온 저하를 방지하는 역할을 한다. 또한 어미의 침이 페로몬으로 작용하여 새끼 동물과의 유대를 형성한다고 한다. 새끼는 스스로 어미 동물의 유두를 찾아 빠는 행동을 하고 어미 동물은 새끼가 젖에 접근하기 용이하도록 자세를 취해준다. 이 행동은 모성호르몬의 수치가 떨어지면서 빈도가 줄어들고 새끼 동물은 더 이상 어미가 젖을 물도록 자세를 취해주지 않으므로 자연적으로 이유 시기로 넘어가게 된다.

분만 후 새끼를 핥거나 신체적 접촉이 제한되었을 경우 모성 호르몬의 수치는 급격하게 떨어져 모성 행동을 보이지 않는 경우도 있다. 간혹 개에서 난산으로 인한 제

그림 165 아프리카 누우가 갓 태어난 새끼를 핥아주며 일어서는 것을 유도하고 있다. 몇 시간 이내에 새끼는 몸이 다 마르고 체온을 회복하며 일어서서 어미 동물의 젖을 먹고 무리를 따라 이동이 가능하다.

왕절개로 새끼가 태어나고 어미 동물이 회복 중 새끼와 접촉하지 못했을 경우 모성호르몬이 유지되지 않아 양육을 하지 않는 경우도 있다.

양육 기간은 출생 시 새끼의 발달 정도에 따라 결정된다. 조숙형(precocial)은 갓 태어난 새끼가 이미 잘 발달된 상태로 태어나 며칠 내에 어미 동물에게서 독립하고 모성 행동이 유지되는 기간도 상당히 짧다. 기니피그나 소, 말 등 초식성 단태동물(monotocous)들은 태어난 후 몇 시간 내에 일어서고 며칠 내에 모유가 아닌 성체와 똑같은 일반식으로 생활이 가능하다. 일반적으로 초식성 단태동물의 경우 일어서서 젖을 먹이므로 새끼가 몇 시간 내에 일어서지 못한다면 모유를 먹지 못하고 도태된다. 어미 동물은 갓 태어난 새끼를 핥아주며 머리로 밀어 네 다리로 일어서는 것을 유도하는 행동을 보이기도 한다. 갓 태어난 새끼들은 여러 시간 동안 어미 동물의 보조하에 일어서려는 운동을 반복하여 이를 footing behavior라고 한다. 이러한 양육 방식은 포식동물의 위협에서부터 새끼의 생존력을 높이기 위해서인 것으로 생각된다. 대부분의 파충류의 경우 부모 동물의 양육 없이 알에서 부화 후 바로 성체와 다름없는 행동을 보이며 생태계에 바로 합류하고 대부분의 개체가 도태되는 가운데 몇 개체들만이 생존하여 번식을 이어가게 된다.

만성형(altricial)은 새끼가 미숙한 상태로 태어나 일정 기간 어미 동물의 모성 호르몬에 기반한 양육에 의존하여 성숙하는 동물 종들을 의미하며, 설치류(마우스, 햄스터 등), 캥거루, 육식성 포유류, 그리고 사람 등이 이 분류에 속한다. 대부분의 조류 역시 부화에서부터 성체로 독립할 때까지 거의 전적으로 부모 동물의 양육에 의존한다. 이

그림 166 새끼 고양이를 돌보고 있는 어미 개

러한 동물들의 새끼는 체온 조절, 배뇨, 배변, 섭식 등 생명 유지와 관련된 모든 행동을 어미 동물의 양육에 의존한다. 양육 기간이 타 종들에 비해 상대적으로 길어지기 때문에 종에 따라 부모 동물이 함께 양육하는 경우도 존재한다. 이러한 동물들은 오랜 기간의 양육을 통해 새끼를 양육하여 생존률이 비교적 높은 편이다. 코끼리 등 사회 규모가 크고 지능이 발달한 동물 종들의 경우 새끼들이 비교적 성숙한 상태로 태어날지라도 여러 해 동안 무리 전체의 양육을 기반으로 성장하기도 한다.

모성 호르몬이 유지되고 있는 어미 동물은 둥지를 틀고 둥지에서 벗어난 새끼나 그와 유사한 물체 등을 둥지로 모아오고 핥아주고 젖을 먹이는 행동을 보일 수 있다. 마우스를 대상으로 실험한 결과에 따르면 새끼를 낳지 않은 일반 암컷 개체는 둥지에서 벗어난 새끼의 울음소리에 전혀 반응하지 않지만 모성 호르몬이 유지되고 있는 암컷 동물은 자신의 새끼가 아니더라도 둥지로 모아오고 돌봐 준다고 한다. 이는 모성 호르몬이 유지된다면 실제로 새끼가 없더라도 다른 동물의 새끼라도 모아와서 양육을 할 수 있다는 것을 의미한다. 간혹 개가 고양이 새끼를 돌보거나 하는 특이한 사례들이 이에 속한다.

수유(lactation)는 새끼가 젖을 빠는 동안 어미 동물이 이를 허용하는 행동을 의미한다. 새끼를 성숙 상태로 한 마리만 낳는 반추동물, 유제류, 말 등의 단태동물

그림 167 소, 말 등의 동물은 태어나자마자 일어서서 어미 젖을 먹어야 생존할 수 있다.

(monotocous)은 서서 젖을 먹이며 새끼가 몇 시간 이내로 일어서지 못하면 도태된다. 돼지, 개 등 다태동물(polytocous)은 대체로 누운 자세로 젖을 먹인다.

새끼를 보호하기 위해 어미 동물은 종종 다른 동물이나 사람에게 공격성을 보일 수 있는데 이를 모성 공격성(maternal aggression)이라고 한다. 또한 사람이 돌보고 있는 새끼를 만지거나 개입할 경우 어미 동물이 위협을 느껴 새끼를 포기하는 경우도 발생할 수 있다. 따라서 새끼를 돌보고 있는 어미 동물을 대할 때는 주의해야 한다.

개, 고양이를 포함해서 많은 동물들은 온종일 새끼 곁에서 양육을 하는 것이 아니고 하루 중 일정 시간만을 양육에 할애하고 나머지 시간은 새끼를 숨겨두고 먹이를 탐색하고 영역을 확인하는 등 일상적인 생활을 유지한다. 따라서 길고양이나 야생동물의 새끼를 발견했을 때 무작정 새끼를 구조하지 않고 어미 동물이 돌아오는지 며칠을 두고 위협이 되지 않는 먼 거리에서 관찰해야 한다. 섣부른 새끼 동물의 구조는 어미 동물에게서 인위적으로 새끼를 떨어뜨려 어미 동물과 새끼 동물 모두에게 큰 트라우마를 안겨줄 수 있으니 주의한다. 어린 조류의 새끼들 역시 부모 새가 정상적으로 존재한다면 안전한 곳으로 대피시키고 양육을 지속하므로 큰 부상이 없다면 며칠을 두고 부모 새가 돌봐 주는지 확인하고 그렇지 않을 경우에만 구조해야 한다. 유기동물보호소나 야생동물구조센터에 들어오는 새끼 동물들은 대부분 어미와 인위적으로 떨어진 새끼 동물로 추정되고, 이러한 고아 동물들은 상대적으로 어미 동물에게서 받을 돌봄을 받지 못하게 되므로 금방 폐사하거나 성장하더라도 적응력이 떨어지게 된다.

양육이 마무리되면서 모성 호르몬이 감소되면 어미 동물과 새끼와의 관계는 단절된다. 이와 동시에 번식 주기가 다시 개시되면서 다시 새로운 번식이 이루어진다.

간혹 햄스터 등의 설치류나 고양이과 동물 등에서 어미 동물이 새끼 동물을 잡아먹는 카니발리즘(cannibalism)이 발생하는 경우도 있다. 정확한 원인은 밝혀지지 않았으나 어미 동물의 영양 결핍 등의 건강 문제나 심리적 스트레스, 열악한 환경, 허약한 새끼 등이 원인으로 생각되고 있다.

새끼를 거부하거나 돌보지 않고 그대로 버리고 가는 경우도 발생할 수 있다.

3 개와 고양이의 모성 행동

개의 임신 기간은 60여 일 전후이다. 첫 30일 정도는 큰 신체적, 행동적 변화가 없어 임신 여부를 보호자가 알기 어렵다. 태아의 뼈가 완성되는 40여 일 정도에는 엑스레이 촬영을 통해 임신 확인이 가능하다.

임신 후반기로 진행될수록 부른 배로 인해 행동이 느려지고 식욕이 증가하는 경향을 보이고, 분만 전 주에는 식욕이 떨어지는 경향이 있다. 이즈음부터 이불을 파거나 구석 자리를 찾는 등 보금자리를 만드는 행동을 보일 수 있는데 보호자는 적절한

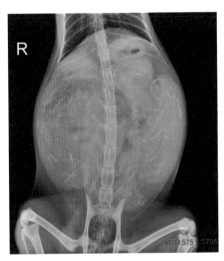

그림 168 임신한 개의 엑스레이 사진

분만실을 꾸며 줄 수 있다.

분만 직전부터는 불안이 증가하고 고통으로 인해 식욕이 거의 절폐된다. 체온이 급격하게 감소하는 것으로 분만이 개시되는 것을 확인한다. 진통이 시작되면 개는 눕거나 쭈그려 앉은 자세로 새끼를 낳기 시작한다. 다태일 경우 새끼 간 분만 간격은 30분 전후이지만 시간이 길게 지속되는 경우도 있다. 새끼들을 낳는 시간 간격이 과하게 지체되고 어미 개가 지쳐 새끼를 분만하기 어려운 상황이라면 난산으로 판단하고 동물병원에 내원하는 것이 좋다. 보통 동물병원에서는 낯선 환경이기 때문에 자연적인 분만은 어려울 수 있고 응급으로 제왕절개가 지시되는 경우가 많다.

새끼를 낳는 시간 동안 이미 태어난 새끼들은 어미 개가 핥아서 폐 호흡을 촉진할 수 있는 자극을 줌과 동시에 체온을 마찰열로 상승시킨다. 새끼들은 본능적으로 어미 개의 품을 파고들어 유두를 찾고 따라서 이후 어미 개는 누워서 새끼를 분만하게 된다. 간혹 분만 과정에서 태어난 강아지가 깔리거나 밟혀서 부상을 입거나 폐사하는 경우도 있다. 모든 새끼를 다 낳은 이후에는 편안한 자세로 젖을 먹인다.

빠르면 생후 3주~늦어도 2달 이내에 어미 개의 모성 호르몬은 떨어지고 젖을 허용하는 행동이 줄어들고 강아지들은 유치가 발달하면서 자연스럽게 이유를 시작하게 된다(weaning). 어미 개는 더 이상 새끼들을 돌보지 않으며 완전히 다른 개체로서 강아지들을 대한다.

암컷 개에서 간혹 여러 가지 요인으로 임신 없이 황체가 유지되면서 프로게스테론이 지속적으로 높은 상태로 유지되어 임신 전후의 행동을 보이는 상상임신(위임신, pseudopregnancy)이 보이는 경우가 있다. 임신을 하지 않았는데 유즙이 나오고 새끼가 아닌 다른 물건 등을 둥지로 모아 돌보는 행동을 보이며 보통 식욕이나 행동이 크게 감소하고 불안과 공격성을 보이는 경우도 있다. 이러한 상상임신이 생에 걸쳐 발정 주기마다 반복된다면 스트레스는 물론이고 지속적인 발정으로 인해 자궁을 포함한 생식기계의 질환이 발생할 가능성이 높으므로 반드시 중성화 수술을 해주는 것이 좋다.

고양이 역시 임신 기간은 60여일 정도이고 개와 비슷한 행동 양상을 보인다. 계절 번식성이 강해 보통 자연적인 상황에서 한국의 기후에서는 늦봄-초여름에 분만이 이루어진다. 어두운 장소를 분만 장소로 선택하고 둥지를 만들어 분만하는데 고양이에서의 난산은 다소 드문 편으로 대체로 빠른 속도로 분만이 이루어진다.

개와 고양이 모두에서 모성 호르몬이 지속되는 기간은 분반 직전부터 분만 후 2

그림 169 낯선 사람으로부터 새끼를 보호하며 경계하고 있는 어미 고양이.

주~2달 정도인 것으로 알려져 있다. 새끼에게 젖을 물리는 행동은 전적으로 모성 호르몬에 의해 조절되고 있으며 새끼의 유치가 나기 시작하는 2~3주령부터 새끼에게 젖을 먹이는 것을 기피하기 시작하고, 늦어도 2~3개월 이내에서 모성 행동이 중단되어 새끼를 양육하지 않게 된다. 이 시기 이후부터는 어미 동물과 새끼 동물 간에는 동거 동물로서의 사회적 유대 이외에는 모성으로 연결된 유대는 남아있지 않다고 보아야 한다. 간혹 사람의 부모―자식 간의 관계로 동물들의 관계를 오인하여 부모 동물들이 비정하고 모성이 없다는 오해를 할 수가 있는데 지극히 자연스러운 현상이다. 야생에서는 부모―자식 동물들은 서로 영역을 공유하는 일조차 드물다. 이는 근친 교배의 가능성을 차단하기 위한 것이라고 한다.

포유와 이유 시기를 거쳐 사회화 시기에 접어든 어린 강아지, 고양이들은 부모 동물의 행동을 모방하고 놀이 행동을 통해 다양한 사회적 기술을 학습하며 성장하게 된다. 이러한 교육 역시 부모 동물의 모성 행동의 일부이다. 새끼들끼리 싸움이 발생하는 경우 중재하기도 하고 새끼 동물들의 과격한 행동을 제지하기도 한다. 또한 사냥 등 생존에 필요한 행동들을 가르친다. 특히 야생의 고양이는 이유 시기의 새끼들이 고기를 먹는 것에 익숙해지면 작은 쥐나 새 등을 산 채로 잡아와 새끼들이 스스로 잡고 뜯어먹도록 유도한다.

고양이 사회에서는 암컷들이 동시 발정하여 비슷한 시기에 새끼들을 낳아 공동양육하기도 한다. 이러한 경우는 고양이의 높은 사회성 때문도 있지만 모성 호르몬이 높은 시기에 동물은 자기의 새끼뿐 아니라 다른 동물의 새끼 또한 케어하려고 할 수 있기 때문이다(p.156, 8장, 2. 분만과 분만 후 참고). 공동양육시 일부는 보금자리에 남아 새끼를 돌보고 일부는 사냥을 통해 식사를 하거나 영역을 탐색한다. 보통 이 행동들을 교대로 하는 것으로 알려져 있다.

많은 보호자들이 환상을 가지는 것들 중 하나는 부모 동물을 키우는 집에서 태어나고 자란 어린 새끼 동물을 입양하면 부모 동물들에게 많은 행동들을 교육받아왔기 때문에 행동 문제 등의 소위 '결점'이 발생하지 않을 것이라는 것이다(특정 견종을 전문적으로 생산하는 브리딩 업체나 일반 가정에서 분양하는 업체들 — 현재 가정 분양은 불법이다 — 에서 홍보하는 방식 중 하나이다). 부모 동물들이 반려동물로서 살고 있다는 것은 완벽한 동물을 '생산'할 수 있는 절대적인 요인이 아니다. 부모 동물들도 얼마든지 결점이 있을 수 있으며 행동에 있어서 장점도 단점도 있고, 살아가는 환경이나 보호자들에 따라 그 행동들이 용납되기도 문제 행동으로 간주되기도 한다. 그 사이에서 양육된 새끼 동물들도 마찬가지이다. 그 동물들 역시 각자 개성을 가진 존재들이며 부모 동물들을 판박이로 빼다 박은 것도 아니고 부모 동물들의 잘못된 행동들을 학습하기도 하며 부모 동물들이 제대로 양육을 하지 않았을 수도 있다. 어떠한 동물을 어느 경로로 데려와서 반려하게 되든지 그 동물이 가지고 있는 기본적인 기질과 겪어온 과거는 바꿀 수 없다는 것을 명심해야 한다.

보호자의 역할은 그저 반려동물의 바꿀 수 없는 선천적 요인과 과거를 이해하고, 현재와 미래를 위해 최선의 교육과 환경, 양육, 건강 관리 등을 제공하는 것이다.

찾아보기

A

allo−grooming 10, 38

appeasing behavior 50

D

dominant 97

DSCC(desensitization＋counter−
　　conditioning) 82

F

flock 90

footing behavior 158

H

heel walking 84

herd 90

M

mare wink behavior 148

maternal aggression 108

nesting behavior 154, 155

nursing 154

P

pack 90

play aggression 108

play mouthing 22

predatory aggression 104

pride 90

R

retrieving 154

S

submissive 97

T

treat 66

ㄱ

가청 범위 44

가축화(domestication) 91

각인(imprinting) 7

각인 행동 (imprinting) 6

강박행동장애(obsessive compulsive
　　disorder, OCD) 11

강제급여 131

강화(reinforcement) 73

개물림 사고 84

개체 유지 행동 9

갸르릉거리는 소리(purring) 59

계급 사회 96

계절번식 31, 142, 144

계절번식성 149

고미제 87

고아 31, 160

고양이의 화장실 38

고전적 조건화(classical conditioning) 71,
 81

공격성 11, 51

공격행동(aggressive behavior) 10, 51, 103

공동양육 31, 61, 163

과시 행동 104

관심 75

광합성 120

교미(copulation) 142

교잡(hybrid) 137

구애 행동(courtship behavior) 10, 142

구조 31

그루밍(grooming) 61

근친 교배 163

긍정강화(positive reinforcement) 73

긍정처벌(정적 처벌, positive punishment)
 74

기질(temperament) 100

길고양이(feral cat) 31

길들이기(tame) 91

꼬리 48

끙끙거리는 소리(whining/whimpering) 52

ㄴ

나귀 137

낚싯대 장난감 34, 112

난소-자궁 적출 수술
 (ovario-hysterectomy) 150

난소호르몬 146

난포자극호르몬(FSH) 146

난혼 방식(promiscuity) 141

노령견 29

노령묘 39

노즈워크 매트 112

놀이행동 10, 20, 22, 33, 36, 77, 110

뇌하수체 146, 154

늑대 51, 52

ㄷ

다견가정 100

다묘가정 61

다태동물(polytocous) 156, 160

단독 생활 93

단태동물 158, 160

단혼성(monogamy) 139

달래는 행동(appeasing behavior) 49

대체 행동 75

도구적 조건화(instrumental/operant conditioning) 73

도전적인 공격성(dominant aggression) 47

독스포츠 80

동물병원 13, 22

동물복지(animal welfare) 12

동물행동학(animal behavior, ethology) 4

동체 시력 44

둥지 156

ㄹ

라이거 137

리드줄 23, 84

ㅁ

마운팅 행동(mounting) 25, 28

마킹 행동(marking behavior) 25, 28, 42, 53, 60, 93

만성형(altricial) 158

먹이 70, 83

먹이 퍼즐 77, 112, 131

모래 화장실 32

모방(imitation) 18, 77

모성 공격성(maternal aggression) 160

모성 행동(maternal behavior) 154

모성 호르몬 20, 21, 154

모이를 쪼는 순서(pecking order) 97

목줄 23, 84

몸단장(self-grooming) 10

몸짓 언어(body language) 42

무관심 75, 83

무리 90

무시(ignore) 75

무조건 반응(unconditioned reaction) 71

문제 행동 10

물질대사(metabolism) 120

미각 45

미각 기피(taste aversion) 77

ㅂ

반사판(tapetum) 44

반추동물(ruminant) 126

반추행동(ruminating behavior) 126, 127

발달 18

발정 동기화 149

발정기 36, 60

발톱 제거 수술(declaw) 87

배란 유도(ovulation) 147

배변 교육 21

법정 맹견 지정 품종 86

보상(reward) 66, 70, 83

복합 사회구조 96

복혼성(polygamy) 140

부유집단(floating population) 139

부정강화(negative reinforcement) 73

부정처벌(negative punishment) 75

분만(delivery) 156

불수의적(involuntary) 71

ㅅ

사람과 동물의 관계(HAB: human−animal bond) 12

사역 80

사정(ejaculation) 142

사회 90

사회 행동 9, 103

사회적 동물 90

사회적 순위(서열) 96

사회화 113

사회화 시기(socialization period) 21, 32

산책 23, 84, 112

상상 20

상상임신(위임신, pseudopregnancy) 162

상호작용 장난감(interactive toy) 131

생리 26, 147

생식기 고정(genital lock) 143

생식세포 136

서비기관(vomeronarsal organ) 42, 52, 143

서열 96

선천적인 행동(innate behavior) 7

섭식 행동(feeding behavior) 120

성 성숙(puberty) 25

성 행동 142

성견 28

성대 수술 87

성선자극호르몬 146

성선자극호르몬 분비 146

성선자극호르몬방출호르몬 146

성성숙 36

성적 이형(sexual dimorphism) 140, 141

성적 탐색 행동 142

성향(temperament) 150

성호르몬 28, 145

세력권(territory) 102

소유 공격 106

송곳니(canine teeth) 122

수염 57

수유(lactation) 159

수컷의 거세(castration) 150

스킨십 43, 44, 54, 148

스톰핑(stomping) 42

습관화(habituation) 67

승가(mounting) 142

시각적 의사소통 42

시력 44

시상하부(hypothalamus) 120, 146

시선 47

시행착오(trial and error) 76

신부전 39

신생아기(neonatal period) 18, 30

신체 언어 57

신체 접촉 44

ㅇ

안드로겐 145

앞섬방지하네스 85

애정 행동 49

야옹거리는 소리(meowing) 59

약물 치료 66, 76, 87, 109

양육 10, 142

에스트로겐 145, 146

역조건화(counter-conditioning) 71, 74

연상 학습 70

열위(submissive) 96

영역 공격성(territorial aggression) 102,
105

예방접종 22, 33

옥시토신(oxytocin) 154

외동묘 92

우열 관계 96

우위(dominant) 96

우위공격성 100

원리의 반사판(tapetum) 56

유기동물 27

유대 36, 44, 51, 54, 92

유도 배란 145

유성생식 136

유치 21, 32

육식동물(carnivore) 121

으르렁 거리는 소리(growling) 52, 60

음경 삽입(intromission) 142

음성되먹임기전(negative feedback) 120,
146

이반 파블로프(Pavlov, Ivan Petrovich) 7

이상행동 10

이유(weaning) 22, 162

인공 사정 유도 149

인공 수정 148

인과관계 74

일부다처 139, 140

일부다처제(하렘, harem) 95, 141

일부일처 140

일처다부(polyandry) 140, 141

입마개 86, 107, 108

입마개 교육 72

입맛 45

입을 핥는 행동 55

ㅈ

자궁축농증 26

자동줄 84

자세 48

자율급식 129

자해 행동 11

잡식동물(omnivore) 121, 128

적응(adaptation) 78

전립성 26

전이 시기(transitional period) 20, 32

정신적 퇴행 문제(Cognitive Degenerative
Syndrome, CDS, 퇴행성 인지장애) 29

정적강화 73

정좌반사 35

정향반사(righting reflex) 35

정형행동(stereotype behavior) 11

젖빨기 반사(rooting reflex) 19, 31

제1위(반추위) 126

제2위(벌집위) 127

제3위(겹주름위) 127

제4위(주름위) 127

제브로이드 137

제왕절개 158, 162

제한급식 130

젠틀리더(입에 거는 형태의 하네스) 85

조건 반응(conditioned reaction) 71

조건 자극(conditioned stimulation) 71

조건화 7

조숙형(precocial) 158

조정행동 9

종양 26

중성화 20

중성화 수술 26, 28, 36, 145, 150, 162

짖음(barking) 52

짖음 방지 목걸이 74, 86

짝 95

짝짓기(mating behavior) 10

ㅊ

채터링(chattering) 59

처방된 식이 131

처벌(punishment) 73, 83

청각적 의사소통 42

청력 44

청소년 시기(Juvenile period/adulthood)

25, 36

초식동물(herbivore) 121, 126

촉각 44

췌장염 122

ㅋ

카니발리즘(cannibalism) 93, 161

카밍 시그널(calming signal) 46, 50

캣타워 36

콘라드 로렌츠(Konrad Zacharias Lorenz)
6

콩 장난감 112

콩 토이 77

크레이트 교육(crate training) 24, 29, 35

클리커 81

클리커 트레이닝(clicker training) 71, 81

ㅌ

탁란 행동(brood parasitism) 8

탈감작화/탈감각화/둔감화
(Desensitization, DS) 68

탐지 42, 45

테스토스테론 145

토쿠원숭이 10

트레이닝/교육(training) 79

ㅍ

파괴 행동 112

파블로프의 개 7, 71

팬팅(panting)   47

퍼피클래스(puppy class)   113

페로몬(pheromone)   19, 42, 52, 143

편식   45

포만 중추   120

포유 반사(rooting reflex)   155

포유반사/젖빨기 반사(rooting reflex)   9

표정   46

품종   49

프로게스테론   146

프로락틴(prolactin)   154

플레멘 행동(flehmen behavior)   42, 43, 148

플레이보우(play bow)   49, 52

ㅎ

하네스   84

하렘(harem)   141

하악 소리(hissing)   59

하울링(howling)   51

학대   74

학습   66, 71

학습행동(learned behavior)   9

핥아주는 행동을   61

합사   115

항문낭   52

항불안제   39

행동   4

행동권(home range)   102

행동 문제들   22

행동 풍부화(behavioral enrichment)   131

행동 풍부화 장난감   112

혁신(innovation)   78

혐오 자극   86

홍수요법(flooding)   69

황체형성호르몬(LH)   146

후각   42, 45, 52

후각적 의사소통   52

후천적인 행동   9

수의사가 쓴 **동물행동학**

초판발행	2024년 8월 5일
지은이	신윤주
펴낸이	노 현
편 집	전채린
기획/마케팅	김한유
표지디자인	이은지
제 작	고철민·김원표
펴낸곳	㈜ 피와이메이트
	서울특별시 금천구 가산디지털2로 53 한라시그마밸리 210호(가산동)
	등록 2014. 2. 12. 제2018-000080호
전 화	02)733-6771
f a x	02)736-4818
e-mail	pys@pybook.co.kr
homepage	www.pybook.co.kr
ISBN	979-11-7279-002-8 93520

정 가   18,000원

박영스토리는 박영사와 함께하는 브랜드입니다.